기초실내디자인

한영호 · 하숙녕

기문당

머 리 말

기초실내디자인의 교육은 학생들로 하여금 시각적, 조형적 감각, 형태에 대한 지각, 그리고 창의력을 키우는데 도움이 되는 과정이어야 한다. 특히 기본적인 형태물을 다루는 작업은 디자인의 종류를 막론하고 교육의 가장 기본이 되는 작업으로서 학생 개개인의 창의성과 문제해결 능력을 철저히 배양하여 공간감각을 향상시키는데 도움이 된다고 볼 수 있다. 그러므로 본 교재의 기초적인 실습의 과정으로 전개될 여러 형태물들의 조형작업은 2차원의 형태와 구성의 세계를 창조하고, 3차원 형태의 내적 구조를 이해하며 기초실내디자인의 교육에 반영하는데 목적이 있다.

이와 함께 공간에 대한 인식을 3차원 공간 안에 자율적이고 창의적인 형(shape)이나 형태(form)를 서로 상호 조화시켜 조직화시켜 나가면서 스스로 터득할 수 있도록 해야 한다. 즉 디자인의 기본요소들인 공간, 형태, 점, 선, 면, 색들을 이용하여 시각적 혹은 역학적으로 배치해 나가는 작업으로써 디자인 요소들이 형태를 결합시키는 과정에서 가시적으로 드러나는 각각의 형이나 형태들은 전체를 구성하는 각 공간의 질서를 형성함으로써 완전히 통일되고 통합되어 2차원 또는 3차원의 공간으로 창조된다.

이때 완성되어가는 형태의 통일성을 얻기 위하여 균형, 비례, 리듬, 강조, 그리고 조화 등을 포함하는 디자인 원리를 필요로 한다. 즉 디자인요소와 원리가 서로 조직되고, 통일되었을 때 결국 완벽한 형태가 완성된다고 할 수 있다.

실내디자인은 형태와 공간의 요소들이 결정적인 수단으로 이용되며 근본적으로 건축 · 실내공간의 조형언어임에 틀림없는 사실이지만 공간 및 형태요소들의 내용과 표현방법이 체계적인 규범의 맥락을 유지하지는 못하고 있다.

따라서 본 교재는 각각의 형태물들의 조합을 통하여 기초적이고 보편적인 법칙성을 통하여 다양한 실내공간을 만들어보고자 한다.

1장에서는 실내디자인의 기초가 되는 디자인 요소들을 살펴봄으로써 디자인의 착상과 전개과정에서 알아야 할 내용들을 살펴보고,

2장에서는 디자인 요소들을 조합하여 나타난 결과물들의 완성도를 높여주는 단계로 미리 완성될 작품에 대한 기대와 평가를 해봄으로써 디자인 원리에 만족할 수 있는 작품을 이끌어 낼 수 있도록 하였다.

3장에서는 1장과 2장의 이론들을 통하여 실제 작품을 만들어 보는 과정으로 이해를 돕기 위해 학생들의 작품을 직접 선별하여 제시하였다.

위에서 살펴본 이론적인 내용들과 함께 다뤄져야 할 부분이 실습 과정에 있다.

실내를 계획하고 설계하여 마침내 완성된 하나의 작품을 만들어 내기까지는 많은 과정의 경험과 지식이 필요하다.

따라서 이번 교재의 가장 큰 부분을 차지하는 것은 학생들의 작품을 완성하는 단계에서 우선 전 단계의 과정을 철저하게 이해시키도록 하며, 풍부한 경험으로 작품에 대한 안목을 키워주는데 의의가 있다. 그 체계적인 방법의 순서는 다음과 같다.

첫째, 하나의 작품을 쉽게 접근하여 풀어갈 수 있도록 방법론에 근거하여 제작의 기초를 터득할 수 있도록 하였다.

둘째, 선, 면, 형태, 공간 및 색채와 같은 요소들을 식별하고 하나하나를 체계적으로 분석하였다.

셋째, 2차원적이고, 3차원적인 작업들을 통해 공간을 분석하는 기술을 습득하며, 공간

의 시각에서 형태의 연구에 접근하여 시각적, 심미적, 기능적인 공간을 창조한다.

넷째, 작품의 추상적인 개념을 이해할 수 있도록 주체적, 부수적, 종속적, 세부적인 관계와 적극적인 공간과 소극적인 공간으로 분류하여 접근하였다.

결론적으로 우리는 아름다운 공간을 만들어내기 위해 시각적인 안목을 키워나가야 하며, 각자의 공간적 감각을 믿고 연습을 통해 수정을 거듭하여 완성되었을 때 비로소 완벽한 인간중심의 공간을 창조해 나갈 수 있을 것이다.

끝으로 내용상 미비한 점이 있으리라 생각되나 앞으로 꾸준히 수정 보완해 나갈 것을 약속하며, 이 책의 출간을 위해 여러모로 도움을 주신 분들께 감사드리고, 특히 편집부터 출간에 이르기까지 수고를 해 주신 기문당 직원 여러분께 깊은 감사의 뜻을 표한다.

2013년 2월

저자

제 1 장 디자인 요소

제 2 장 디자인 원리

제 3 장

기초실내디자인 실습

제 1 장

디자인 요소

1. 공간

공간은 3차원으로서 길이, 폭, 깊이가 있다. 이러한 공간을 변화 조절하고 결정짓는 것이 바로 디자인하는 것이다. 3차원의 공간디자인을 위한 실내요소들에는 기둥, 벽, 바닥, 천장, 문, 창문, 가구 등으로 구분할 수 있으며, 각각의 구성요소들이 혼합하여 형성된 단위공간들을 연결하여 또 다른 공간을 계획한다. 이렇게 구성된 단위공간들은 형태, 선, 면, 방향, 색 등과 같은 디자인요소들에 의해 더욱더 다양하게 변화한다. 이들은 모두 공간을 한정하는 기본 조형요소로서 공간 연출을 위한 기본요소들이다. 따라서 각각의 단위공간 구성방법과 공간 연결방법 등을 살펴보고 우선 기본 조형요소들의 공간적 의미와 역할들을 알아본다.

1) 공간의 구성(Forming Space)[1)]

- 기둥에 의해 만들어진 공간

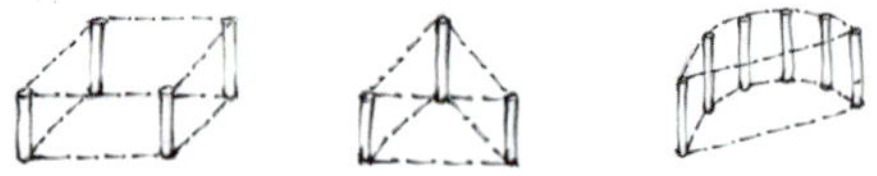

- 기둥과 빔(beam)의 연결에 의해 만들어진 공간

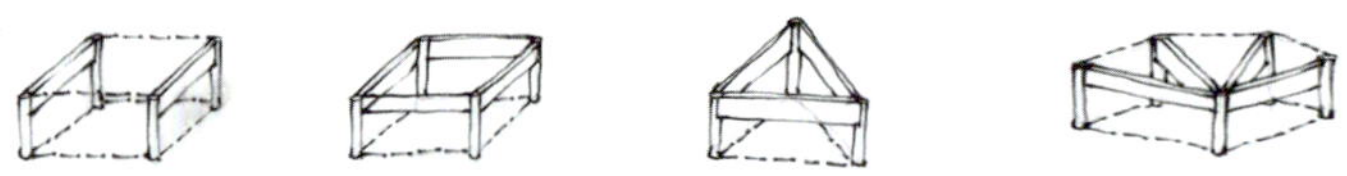

- 기둥과 벽의 구성에 의해 만들어진 공간

- 기둥, 빔, 벽의 연결에 의해 만들어진 공간

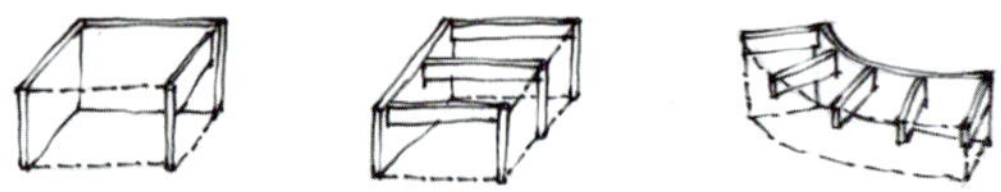

- 벽과 빔의 연결에 의해 만들어진 공간

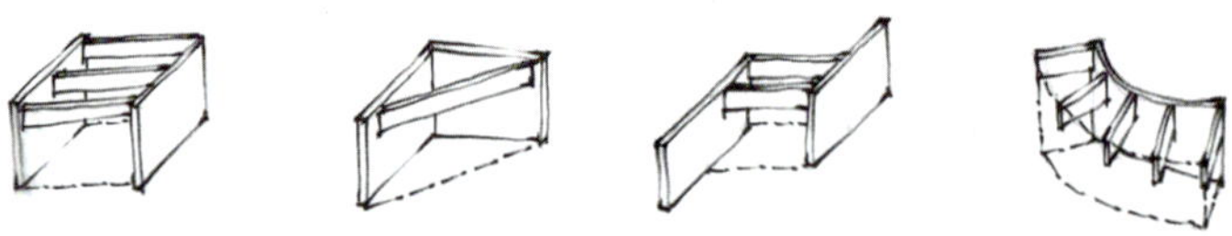

- 벽으로 둘러싸여 형성된 공간

- 바닥과 벽에 의한 공간

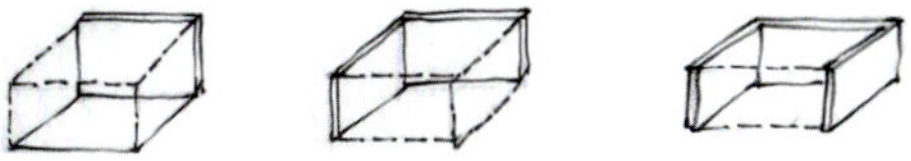

- 바닥과 천장의 대칭에 의한 공간

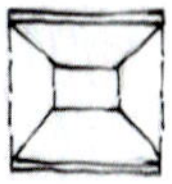

- 가구에 의해 생성된 공간의 구분

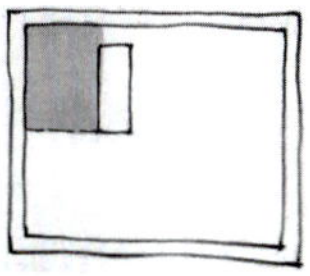

2) 공간의 구분(Division of Space)[2)]

- 바닥의 단 차이에 의한 구분

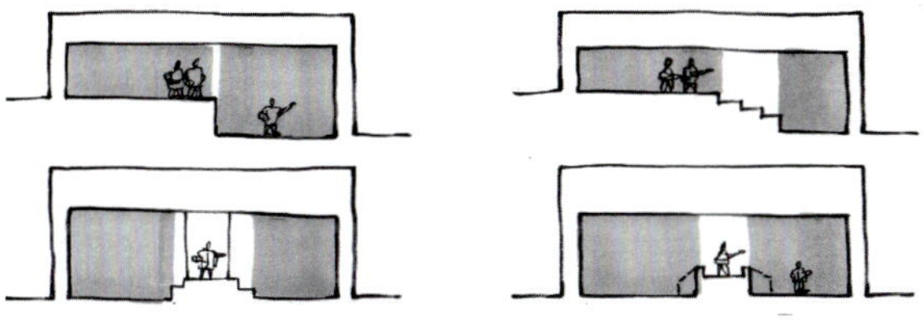

기둥과 빔에 의한 구분

열주, 빔과 같이 폐쇄적인 벽이 아니더라도 기둥을 일정한 간격으로 나열하거나 천장 또는 벽에 연결된 빔을 설치하여 구분한다.

가구에 의한 구분

수납장, 붙박이장, 책장, 쇼케이스, 카운터 등의 이동식 또는 고정식 형태물들을 이용해 공간을 구분한다.

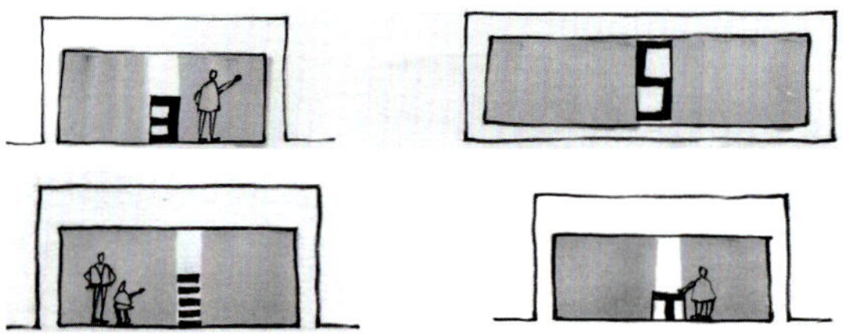

천장의 높낮이에 의한 구분

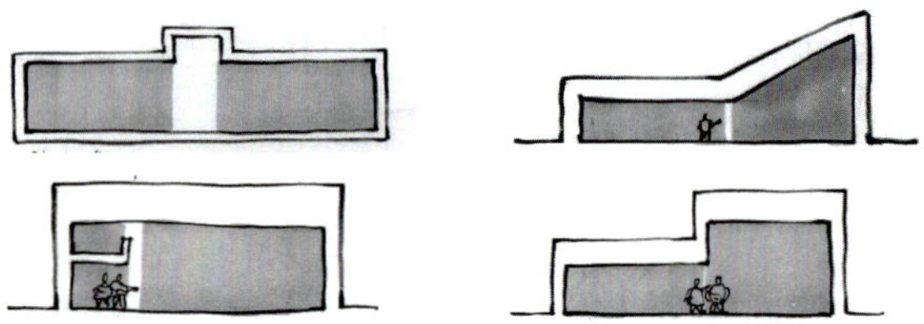

빛 조절에 의한 구분

스카이라이트, 벽부등, 강조조명 등을 설치하여 구분한다.

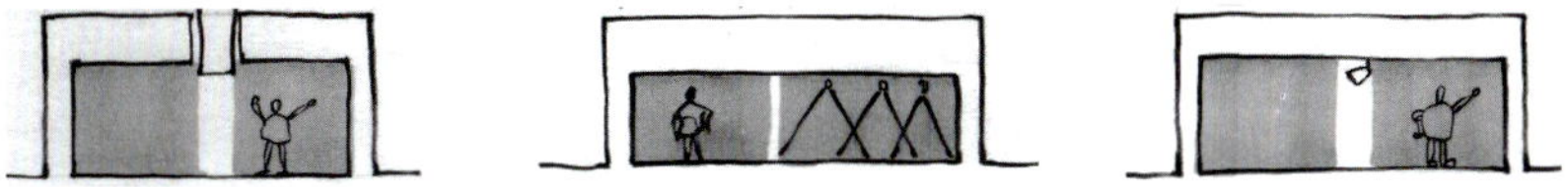

실내 설치물에 의한 구분

실내 연못, 식물, 조형물, 화분 등을 이용하여 구분한다.

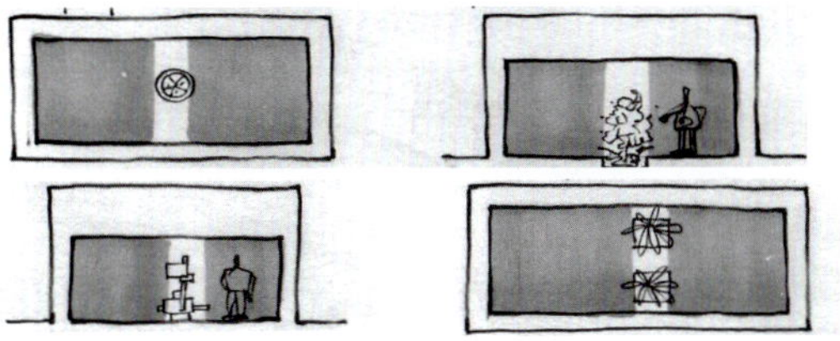

그 외에 고정 및 이동식 벽, 유리벽, 벽난로, 디스플레이 패널, 핸드레일에 의한 구분

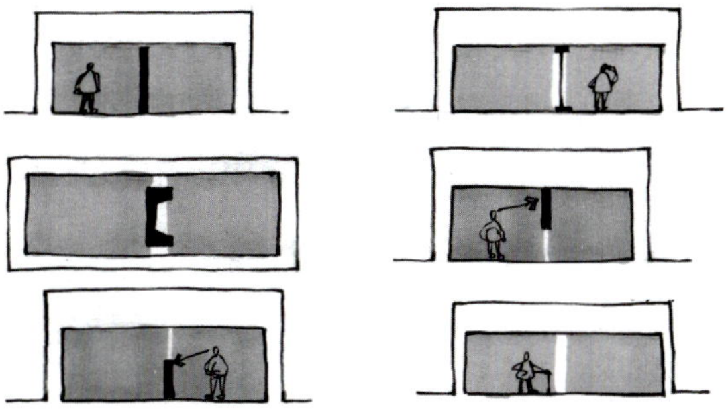

마감재의 재질, 패턴, 색상에 의한 구분

3) 3차원적 공간의 구성요소

(1) 기둥(column)

실내의 기둥은 크게 구조적인 벽체와 연결되어 지지대 역할을 하는 건축적인 의미의 기둥과 조형적인 의미의 기둥이 존재한다.

주로 조형적인 의미의 기둥들은 열주를 세워 실내를 구획하기도 하며, 의도적으로 필요한 공간에 세워 구분하기도 한다.

공간의 수직적인 요소로서 연속적인 기둥의 배열은 공간의 깊이감을 더해주며 방향성을 유도한다.

(2) 바닥(floor)

바닥은 공간을 구성하는 가장 아랫부분으로 인간이 걸어 다니거나 쉴 수 있는 동선을 가지며 높낮이에 따라 공간을 구분하기도 한다. 바닥면의 상승과 하강의 변화는 공간 흐름에 압축과 긴장의 변화를 줌으로써 공간의 리듬감, 속도감을 주며 이로 인해 사람들의 움직임을 유발한다.

바닥은 물리적 또는 시각적으로 안정감을 부여하는 토대로서 경사진 바닥면은 긴장감을 유발하고 방향성을 부여한다. 따라서 바닥은 특정 부분을 제외하고는 특성상 평평한 수

그림 1.1.1 현관입구의 넓은 홀 바닥면에 카펫을 깔아주어 공간에 변화를 주었다.

평면을 유지하고 고른 면을 제공하여 안정되고 편안한 공간으로서 기능을 유지할 필요가 있다.

그림 1.1.2 같은 공간에 다양한 바닥 재료들을 사용하여 영역을 구분하고 있다.

그림 1.1.3 금속, 고무타일, 석재, 나무, 카펫, 유리 등 다양한 바닥재료의 사용은 공간을 더욱 더 풍성하게 해 준다.

(3) 벽(wall)

벽(wall)은 바닥과 천장을 연결해주는 중요한 역할을 하는데, 이러한 벽의 기능과 특성은 다음과 같다.

- 내부와 외부의 경계가 되며 외부로부터 침입, 방어의 기능을 가진다.
- 공간의 크기와 면적을 결정해 주며, 공간의 모양, 형태도 결정하게 하는 요소이다.

- 공간을 둘러싸는 강력한 요소로서 시선을 제어하고 통제하는 특성이 있다.

- 벽으로 둘러싸인 공간은 명확한 경계와 차단을 통해 그 중심성을 찾을 수 있다.
- 빛이 공간에 들어오는 것을 부분적으로 한정하거나 전체를 유입시키는 성격을 갖고 있어 두꺼운 벽의 이미지도 실내에 따라 벽의 재료 및 디자인을 변경해서 투명하고 추상적인 면으로 변할 수도 있다. 예를 들어 유리벽, 움직이는 벽, 그리고 천을 내리는 방법 등이 있다.

그림 1.1.4 벽은 공간의 크기와 면적, 그리고 공간의 모양과 형태도 결정한다. 벽의 모양과 재료에 따라 빛이 공간에 들어오는 것을 부분적으로 한정하거나 전체 유입시키는 성격을 갖고 있어 두꺼운 벽의 경우도 자유롭게 변경이 가능하다. 또한 움직이는 벽을 이용하여 공간의 면적을 조절하여 확장시킬 수도 있다.

(4) 문(door)[3)]

문(door)은 공간과 공간을 연결하여 출입을 하게 하는 곳으로 실내공간의 성격과 전체 공간의 동선을 계획할 때 문의 크기, 형태, 개수가 결정된다.

문은 건물의 내부에서 외부로, 또는 한 공간에서 다른 공간으로의 출입을 가능하게 한다. 또한 문의 위치를 결정할 때는 출입 동선, 문이 열릴 때 필요한 여유 공간, 통행을 위한 공간, 가구를 배치할 공간 등을 염두해 두어야 한다.

문의 종류를 살펴보면 아래(표 1.1.1)과 같다.

표 1.1.1 | 문의 종류

구 분	모 양	구 분	모 양
자재문(자유문) (swing door)		여닫이문 (hinged door)	
미닫이문 (sliding door)		접이문 (folding door)	
쪽 미닫이문 (pocket door)		회전문 (revolving door)	

(5) 창문(window)

창문(window)은 채광, 환기, 통풍 이외에도 조망, 시야확장을 위해 설치되며, 실내의 성격, 방위, 크기, 기후에 의해 창의 크기, 위치, 개수 등이 결정된다. 또한 창문의 모양에 따라 실내의 분위기가 달라지는 효과를 볼 수 있다.

개폐방식에 따라 고정식과 이동식으로 구분하는데 고정식 창은 열지 못하게 되어 있어 유리벽과 비슷한 성격을 가진다. 고정식 창은 창의 크기를 바닥에서 천장까지 크게 설치하면 내 · 외부를 연장시켜 주는듯한 공간의 확장감을 느낄 수가 있기 때문에 실내공간이 실제보다 훨씬 넓어 보일 수 있다. 특히, 건물 밖의 좋은 전망을 즐기기 위해서, 또는 판매업을 하는 상점들의 쇼윈도를 넓게 설치함으로써 지나가는 행인들의 구매의욕을 높여 줄 수

그림 1.1.5 고정식 투명창은 실내를 밝게 해주며, 내 · 외부를 연장시켜 주는듯한 공간의 확장감을 준다. 또한 실내의 벽면에 사용된 일부 투명창의 벽면은 재료의 변화와 함께 공간을 흥미를 느끼게 한다.

그림 1.1.6 이동식 창은 전망뿐만 아니라 환기, 개폐가 되어 실내의 쾌적함을 유지해 주는 역할을 함으로써 학교, 병원, 빌딩, 그리고 주택 등 다양한 공간에서 사용되고 있다.

있는 효과가 있다.

(6) 천장(ceiling)

천장(ceiling)은 높이와 형태에 의해 심리적인 영향을 미치기도 한다. 천장을 낮추면 친근하고 아늑한 분위기를 느끼며, 천장이 높은 곳은 웅장하고 시원한 느낌을 가질 수 있다.

천장의 형태는 크게 평천장과 경사천장으로 구분한다. 평천장의 경우 천장을 파주거나 반대로 볼록하게 돌출시켜 단조로움을 없애기도 한다. 경사천장은 동적인 느낌을 주며 시선을 끈다. 또한 한 공간에서 천장이 낮은 부분과 높은 부분이 공존하면 공간이 더욱더 활

그림 1.1.7 천장의 일부분이 내려와 만들어진 둥근 조명박스는 회의실의 분위기를 더욱 따뜻하고 온화하게 만든다.

그림 1.1.8 천장에 볼륨감을 주어 단순한 형태의 수영장에 리듬을 주고 있다.

기차고 방향성을 가질 수 있다.

4) 공간과 공간의 연결방법 [4)]

실내공간을 계획하는 과정에서 여러 가지 모양의 적극적 형태와 소극적 형태들을 연결하는 방법을 사용해 실내공간의 조형성을 부각시키는 방법을 말한다. 2차원적인 면의 그룹과 3차원적인 입체 그룹들 사이의 형태물들을 발전시키고 변화하는 과정에서 내부와 내부공간의 사이, 내부와 외부공간의 사이, 그리고 매스와 매스 사이의 과정적 공간을 통해서 다양한 공간적 연결방법들을 배치하고 연결하는 방법으로서 아래와 같은 조형적 구성방법을 이용해 발전시킬 수 있다.

(1) 연결하기

각 공간의 자연스러운 연결로 움직임을 도입하고 연속적인 공간체험을 가능하게 한다. 또한 공간과 공간을 나눔으로써 형성되는 내부공간과 외부공간의 반복은 다양한 공간의 체험을 제공하고 자연스럽게 공간을 이동하도록 유도한다. 공간을 연결하는 방법으로는 다음과 같다.

동선으로 연결하다.

실내의 동선은 공간의 배치와 연관되어 시각적 또는 체험적으로 다양한 경험을 할 수 있도록 한다. 즉, 다양한 거리를 갖는 각각의 공간이 자연스럽게 효율적, 기능적으로 연결될 수 있도록 해야 한다. 예로써 복도에서 시작된 경사로는 다음 공간으로 유도하고 있으며, 다음 공간에 대한 기대감을 표출시킨다. 또한 홀에 위치한 계단의 공간은 독립된 동선을 가지며 자연스럽게 길을 만들어 주고 있다. 이와 같이 하나의 공간에서 다음 공간으로 나아감에 있어서 다양한 동선의 흐름은 공간을 자연스럽게 안내한다.

그림 1.1.9 헬싱키 현대미술관은 램프와 계단을 이용하여 공간의 동선을 자연스럽게 연결해 주었으며, 전체적인 공간의 형태를 결정한다.

그림 1.1.10 히메지 시립미술관의 중심적인 동선의 공간은 건물 전체의 형태를 좌우하고 있으며, 자연스럽게 연결되고 있다.

그림 1.1.11 수평적으로 안정된 원형의 건물 안에서 뻗어 나오는 원형의 램프, 니테로이 현대미술관, 오스카 니마이어, 리오 데 자네이로, 브라질, 1996.

상하를 연결하다.

대규모 공간에서의 상하이동은 큰 계단을 중심으로 에스컬레이터, 엘리베이터, 공중을 연결하는 다리, 비상용 계단 등 다양한 연결 요소가 산재되어 있다. 수직으로 이동하는 동선이 그대로 건축화 되기도 하며 우아하고 아름답게 표현되기도 한다.

그림 1.1.12 루브르 미술관의 나선형 계단(좌), 런던 시청사 중앙홀과 일체화된 나선형 계단(우)이 상하를 자연스럽게 연결해 주며 마치 웅장한 실내의 조형물을 보는 듯 아름답다.

그림 1.1.13 상하를 연결해주는 일반적인 계단의 이미지로써 재료와 난간의 디자인을 특색있게 꾸며 조형적으로 표현하기도 한다.

그림 1.1.14 상하의 공간을 연결해주는 계단은 디스플레이를 위한 리듬있는 전시대로 연출할 수 도 있다.

완만하게 연결하다.

같은 공간이지만 두 개의 영역으로 공간을 구분할 때 바닥의 차이를 두어 계획한다. 예를 들어 다른 기능을 가진 단차가 있는 영역을 대규모 공간에서 일체화 시키는 방법과 현관바닥과 같은 중간영역을 삽입하여 구분하는 방법, 그리고 반 외부공간에 의해 자연과 대치하여 자연스럽게 실내공간을 연결하는 방법 등이 있다.

그림 1.1.15 하코다테 미래대학의 중앙홀로서 공간의 일체화된 모습을 볼 수 있다.

그림 1.1.16 실내와 외부공간의 중간영역을 삽입하여 구분하고, 반 외부공간에 의해 실내와 자연스럽게 연결하고 있으며, 자연과의 일체감을 조성하고 있다.

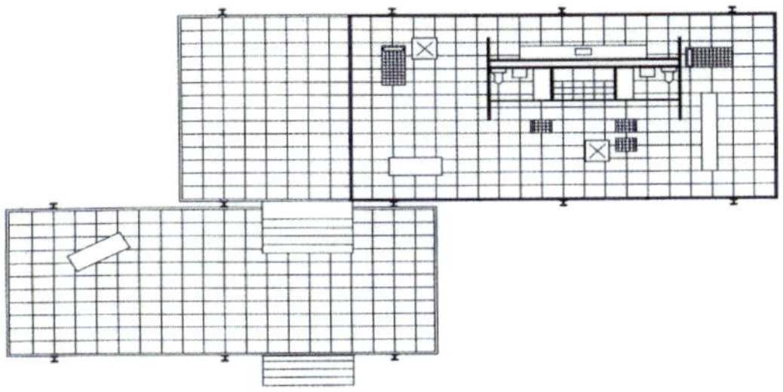

그림 1.1.17 미스 반 데어 로에, 펜스워스(farnsworth)하우스의 평면도, 공간과 공간이 서로 계단에 의해 자연스럽게 연결되고 있다.

?! **알고가기**

공간과 방향성의 관계

건물의 방향성은 평면과 입면에서 쉽게 발견 할 수 있다. 프랭크 로이드 라이트(F.L.Wright)의 로비하우스는 두 개의 긴 사각형이 서로 전후좌우, 상하로 유동하여 내부공간을 자연스럽게 연결하고 있다. 아래 사각형과 중앙의 사각형이 결합하여 형성되었고, 거실과 식당부분은 연속하는 하나의 공간을 이루고 있다. 전체적인 건물의 길이와 비례하여 수평적인 방향성이 강조되었다.

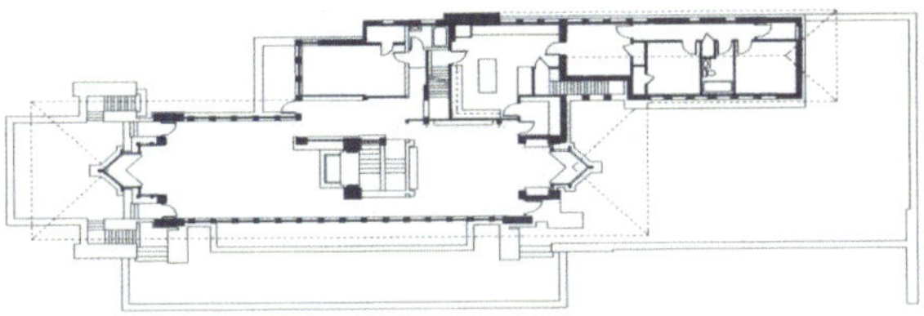

분절하여 연결하다.

공간을 기능에 따라 분절시킴으로써 독립성을 유지하며, 각 공간의 자연스러운 연결로 움직임을 도입하고 연속적인 공간체험을 가능하게 한다. 또한 공간과 공간 또는 건물과 건물을 나눔으로써 형성되는 내·외부공간의 반복은 다양한 공간변화를 제공하고 자연과의 적극적인 연계를 도모한다.

그림 1.1.18 언덕 위에 위치한 게티센터(Getty Center)의 연구동으로서 개방적으로 분절하여 배치되고 있다. 리차드 마이어, 1997.

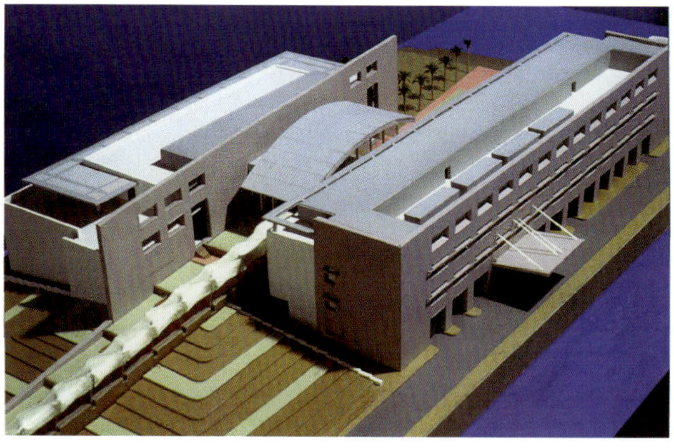

그림 1.1.19 두개 동의 건물이 분절하여 위치하고 중앙의 통로에 의해 연결되고 있다.

(2) 통과하기(겹치기)

공간과 다른 공간이 통과를 하여 결합하는 모양이다. 이는 공간과 공간의 용도를 변경하거나 분리할 때 사용된다. 실내의 높낮이를 자유롭게 변화시키며 공간을 구분할 수 있는 장점이 있다.

그림 1.1.20 공간과 공간이 서로 통과하여 결합된 부분은 또 다른 영역으로 계획된다.[5)]

(3) 방향전환하기

공간과 공간의 방향전환은 다가올 공간에 대한 호기심을 유발하고 갑작스런 공간의 변환은 놀라움과 경이로움을 제공한다. 주로 벽에 의해 구현되며 강한 방향성을 암시하기도

그림 1.1.21 좌측의 곡선 벽과 우측의 직선 벽의 계획으로 다양한 시공간감을 부여하고 있다. 안도 다다오, 물의 절.

한다. 예를 들어 바깥쪽으로 휘어진 곡선 벽은 벽 뒤의 공간에 대한 호기심을 유발함과 동시에 벽을 따라 동선을 자연스럽게 유도하여 공간감을 향상시킨다.

그림 1.1.22 룩셈부르크 콘서트홀, 크리스티앙 드 포참팍

(4) 둘러싸기

실내 · 외 공간에서 자주 볼 수 있는 이 방법은 벽면을 마치 포옹하듯 감싸는 모양으로 영역을 구분한다. 직선적인 면과 곡면을 활용하기도 하며 열주를 세워 둘러싸기도 한다. 실내에서는 공간의 부드럽고 아름다움을 표현하는데 적합하며 실외에서는 주로 옥외광

그림 1.1.23 건물에 둘러싸여 있는 옥외의 중앙광장, 고베 예술 공과대학

장이나 공원을 계획할 때 적합한 방법이다. 특히 곡면을 사용한 사례는 최근 들어 점점 많아지고 있는 추세이다.

그림 1.1.24 천장에서 벽으로 연결된 곡면체가 공간 전체를 에워싸고 있다.[6)]

그림 1.1.25 좌석과 좌석사이의 칸막이가 곡선의 면으로 둘러싸여 영역을 구분하고 있다.

그림 1.1.26 세대별 발코니의 외벽이 곡면으로 둘러싸여 있다.

그림 1.1.27 카페 내부의 바와 의자가 커다란 곡선의 면에 둘러싸여 일체감을 주고 있다.

(5) 투과하기

공간적 투시란 앞으로 전개될 공간에 대해 호기심을 갖게 하는 것이다. 무언가를 보고 싶다는 욕구는 그 너머의 대상이 어렴풋이 보이는 '사이'를 통하게 함으로써 보다 증폭된다. 그 증폭된 욕구는 신비성이나 상징성, 그리고 연속성 등의 다양한 심리적 효과로 모습을 바꾸게 된다. 주로 폐쇄적인 소재와 투명한 소재와의 연결성에서 볼 수 있다.

예를 들어, 벽체나 문의 높낮이를 조절하여 다음 공간의 일부분을 부분적으로 보이게 한다거나, 조그만 창이나 벽 틈으로 다음 공간을 엿보게 하는 것, 폐쇄적인 벽체의 틈으로 생긴 빛으로 인해 생긴 공간의 암시, 그리고 전체 투명한 소재로 마감하여 생긴 공간의 일

그림 1.1.28 사이로 들어오는 빛은 공간을 단절시키기도 하며 연결시키기도 하는 신비성을 가지고 있다.

체감 등은 심리적 효과를 생성시키며 앞으로 전개될 다음 공간에 대한 호기심을 자극하여 적극적인 공간구성으로 유도한다.

그림 1.1.29 빛을 직접적으로 공간으로 유도하여 공간의 시각적 유동성을 높여주어 공간의 일체화를 생성한다.

(6) 띄우기

실내 및 건물을 띄우는 경우로써 기둥, 대들보에 의해 전체를 부상시키는 방법과 일부를 띄우는 방법이 있다. 실내의 경우는 같은 공간에서 또 다른 공간이 만들어지기 때문에 매우 입체적이고 경쾌함을 느낄 수 있으며, 건물의 전체가 띄워진 경우는 개방감을 증폭시키며 사방에서의 접근이 용이하도록 편리함을 제공해 줄 수 있다.

그림 1.1.30 건축의 본체 또는 전체를 부상시키는 것이며, 여기에 나타난 건물 아래의 지표면은 위쪽의 건축물과 분리되어 여러 가지 용도로 활용할 수 있다.

그림 1.1.31 실내의 일부 공간이 바닥에서 띄워진 형태로 구분되어 강한 매스감과 더불어 공간을 명확하게 하고 있다.[7]

? ! 알고가기

르 꼬르뷔지에의 빌라 사보아는 지상에서부터 건물을 부상시켰다.

필로티라는 가느다란 기둥들을 이용해 건물을 지상으로부터 들어올렸다. 즉, 공중에 구조물을 떠 있게 한 것이다.

표 1.1.1 공간과 공간의 연결방법

내 용	연 결 방 법
연결하기	공간과 공간을 연결하기
통과하기	공간과 공간을 결합하기
방향전환하기	기둥, 곡선벽, 직각벽, 계단 등으로 유도하기
둘러싸기	공간과 공간을 감싸기(직선면과 곡면)
투과하기	공간을 부분적으로 차단하여 암시하기
띄우기	실내 및 건물의 본체를 부상시키기

?! 알고가기

포지티브(POSITIVE) 공간과 네가티브(NEGATIVE) 공간

필로티에 의해 건물 일부가 개방되어 공중에 떠 있는 공간은 네가티브 공간이며, 4면이 모두 둘러싸인 완벽한 형태의 공간은 포지티브 공간이다. 즉, 완전한 형태로서 막혀있는 포지티브 공간을 실내라고 한다면, 일부 공간이 개방되어 건물 외관의 조형적인 효과를 더해 주는 방법으로 사용되는 네가티브 공간으로 구분할 수 있다.

■ 르 꼬르뷔지에(Le Corbusier, 1887-1965)의 건축세계

르 꼬르뷔지에는 스위스 출신의 20세기 최고의 건축가이자 도시계획가, 화가, 조각가, 저자로서 현대디자인의 이론적인 연구와 도시의 거주자들의 삶의 상태를 개선하는데 중점을 두었던 최초의 사람이었다. 그는 남다른 부모의 교육방침에 따라 집념과 실천력에 중점을 두고 자랐으며, 어린 나이에 비해 상당한 인내력과 호기심을 갖게 되었다. 그래서 그는 13세에 라 쇼드퐁의 미술학교에 당당히 합격하였고, 그의 스승이었던 레플라티니에는 르 꼬르뷔지에에게 자연을 형태로 표현하는 훈련을 시켰으며, 그 형태에 자연의 근본적인 구성원리가 명백하게 드러날 수 있도록 지도하였다. 그 결과로 인해 그는 자연으로부터 받은 이미지를 좀 더 기하학적인 형태로 표현하게 되고 이 같은 의지는 자연의 외관뿐만 아니라 그 구조에 이르기까지 기하학적이고 명쾌한 형태로 표현해 내려는 그의 건축관을 형성하기 시작하였다. 사물의 외관과 구조를 종합적으로 사고하는 작가관을 필연적으로 그러한 관계의 일반적인 응용을 위한 비례의 원칙 즉, 모듈러의 연구를 가져왔다.

그리고 그는 24세에 세계건축여행을 떠나게 된다. 이때 그의 건축개념을 확신하게 되는 계기가 바로 아랍과 그리스와 그리고 로마건축에 대한 감동과 충격이었다. 유럽건축은 위, 아래 어디서 봐도 실내의 투시를 중요하게 생각하였기 때문에 깊고 웅장함은 느껴지나. 유동적이고 복합적인 공간을 보기에는 힘들었다. 반면, 아랍 건축에서의 투시적 의미는 공간이 복합적으로 구성되어 공간과 공간을 움직일 때마다 순간순간 변화하는 공간의 유동성을 발견하였다.

1920년 10월에는 에스프리 누보 Esprit Nouveau라는 명칭의 창간호를 발간하여 건축가로서 새로운 도약을 시도하였다.

19세기 말에서 20세기 초에 걸쳐 유럽에서 대두 었던 큐비즘(Cubism)을 르 꼬르뷔지에는 비구상적이고 분명하지 않아서 자연의 존재형식인 3차원 이상을 표현하려는 것은 그 자체가 오류라고 공박하였고, 인간의 3차원 공간 밖에는 식별할 수 없기 때문에 4차원의 표현이라는 큐비즘의 명제는 현실세계와는 동떨어진 것이라고 판단하였다. 따라서 이에 대체하기 위해 공간을 순수주의(Purism)라고 명명하고 제안함으로써 공간은 형태로부터 출발하여 하나의 합리주의적 세계관에 이르고자 하는 것이며, 자연은 더 이상 추상적이거나 환상적인 세계와 같은 세계와 같은 비밀의 세계가 아니라 완전성과 아름다움이 일치된 "기계"로 인식된다고 하였다. 즉 기계 윤리를 예술적 형상으로 승화시키고, 기계를 건축과 상관시켜 새로운 환경창도의 도구로서 활용하여 합리적이고 과학적 태도의 근본 목적인 기하학적 법칙으로 새로운 시대적 번영을 위한 상징으로 간주하였다.

그는 "집은 살기 위한 집이다"라고 하였는데, 그 의미는 각 방들의 배치와 규모가 기능상의 요구에 의해 결정되는 한편 벽의 처리에 의해 다양한 공간을 연출하여 건축의 가능한 한 모든 요소를 함축적으로 표현해야 한다는 의미로 이해해야 할 것이다.

결국, 르 꼬르뷔지에는 1926년 자신의 건축원리를 5개로 종합하였고 그 내용은 다음과 같다.

르꼬르뷔지에의 건축의 다섯 가지 요소

1. 필로티: 독립적으로 건물을 떠받치는 기둥
2. 옥상 테라스
3. 자유로운 평면
4. 가로로 긴 창
5. 자유롭게 구성된 파사드

이와 더불어 그의 이론에서 또 하나의 결정적인 요소는 인체와 황금 분할에 기초한 건축의 비례 척도인 모듈의 이론을 적용하였는데 대표적인 사례로 '빌라 사보아'와 '유니테 다비따시옹', 그리고 '롱샹성당'이 있다.

1. 사보아 주택(1928-1931)

1931년 사보아 가족을 위해 지어진 별장으로 엄격한 골조에 따라 배치한 가느다란 필로티 위에 세운 이 집은 '차단막 없이 뻥 뚫린 지붕과 가로로 긴 창이 있는, 공중에 떠있는 상자와 같다. 주요 방들은 실내 테라스 겸 정원을 향하고 있으며. 경사로 하나는 지붕 겸 테라스 겸 일광욕실로 통하며. 여기서 '건축물에 의한 산책'의 모든 의미가 특히 풍부하게 드러난 작품이다.

2. 유니테 다비따시옹(1947-1952, 마르세이유)

3. 롱샹 성당(1950-1954, 롱샹)

[참고문헌]

1, 2) Edward T. White, 이용재 역, 환경디자인선 시리즈-디자인의 개념과 표현, 집문사, 1988

3) 한영호, 실내디자인 구성요소, 형설출판사, 2000

4) 일본건축학회 편, 한영호 · 박소영 공역, 공간디자인 이해, 기문당, 2007

5) Terence Conran, The Essential House, Crown New York, 1994

6) Interior Design, Cahers, Sept, 2007

7) Silvio San Pietro & Antonella Boisi, Urban Interior 4, Edizioni L'archivolto, 2004

2. 형태

1) 형태의 정의

형태(Form)는 입체이며 깊이와 양감이 있다. 다시 말해 각각의 대상이 되는 물건의 윤곽이나 2차원적인 형(shape)과는 다른 3차원의 입체를 뜻하며, 우리 주변에 있는 수많은 사물들은 각각 그 외형 혹은 윤곽으로서 하나의 형태를 갖는다.

형태에는 길이(높이), 너비(폭), 두께(깊이) 등의 요소들을 포함하고 있으며, 이들 중에는 형태의 모양에 따라 방향성을 암시하고 있다. 예를 들어 직육면체의 높이(길이)는 밑에서 위로 움직이는 공간의 수직방향을 암시하며, 너비(폭)는 옆에서 옆으로 움직임을 암시한다.

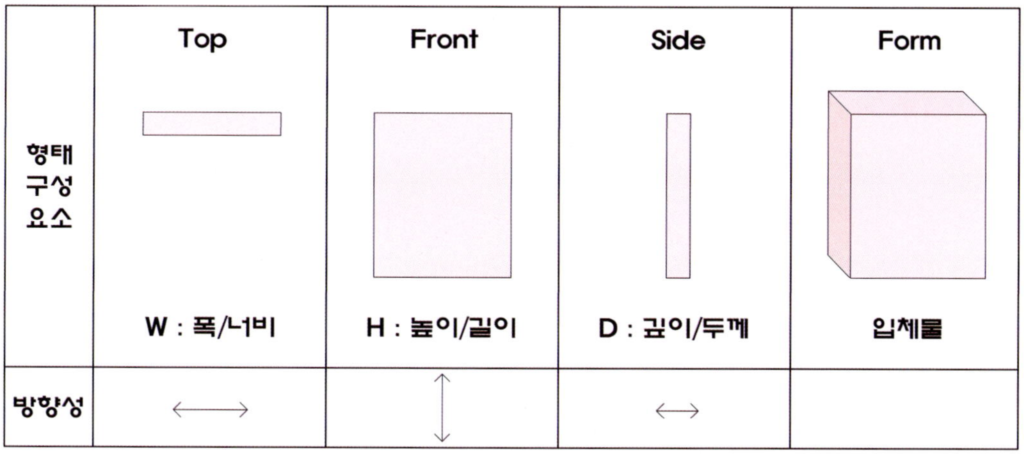

그림 1.2.1 직사각형태의 시각적 방향에 의한 구성요소

?! 알고가기

매스(Mass)와 볼륨(Volum)

형태는 매스(Mass)와 볼륨(Volum)의 개념으로 구분할 수 있다. 매스가 모든 면들이 닫혀있는 형태라면 볼륨은 형태의 일부 면이 투시되어 내부가 보임으로써 깊이감과 양감을 측정할 수 있는 정도가 매스보다 강한 경우를 뜻한다. 대부분 형태적 개념은 매스를 뜻하며, 3차원적인 공간 개념은 볼륨을 뜻한다. 결국, 형태의 조합은 매스와 볼륨의 결합으로 완벽하게 구성될 수 있다. 플러스(양적)와 마이너스(음적) 요소들이 서로 결합하여 형태를 규정함으로써 단순하거나 답답함에서 벗어나 매우 다양한 형태들을 창조해 낼 수 있다.

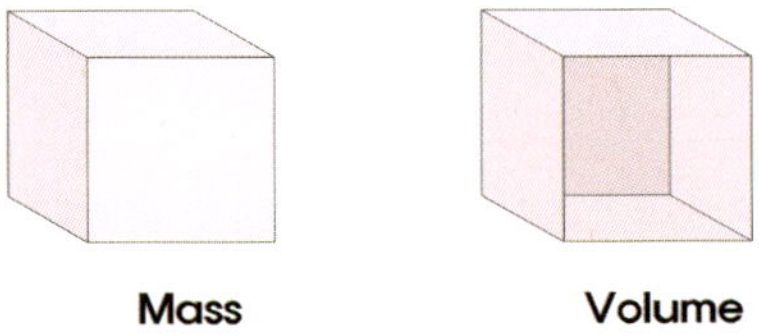

그림 1.2.2 역원추와 두 개의 직사각형이 결합하였다. 기하학적인 명쾌한 형태를 추구하였고, 두 개의 서로 다른 형태가 결합하여 건물이 형성되었다. 안도 다다오, 산토리미술관, 오사카, 1994.

2) 형태의 분류

(1) 기하학적 형태

가장 기본 형태는 기하학적인 것으로 구(타원), 원기둥, 원뿔, 직육면체, 정육면체, 삼각기둥, 사각뿔(피라미드형), 사면체가 있다. 기하학은 형태를 정확하게 묘사할 수 있는 능력을 제공하고, 동일한 형태를 반복해서 그려낼 수 있는 능력을 제공한다. 기하학적 기본 형태물들을 다시 정리해보면 다음과 같다.

- **구**는 가장 단순한 입체물이며, 완전대칭을 이룬다. 반면 타원체는 축에 따라 비례가 변하지만 구는 크기만 변할 뿐 그 비례는 변하지 않는다.
- **원기둥**은 회전축을 중심으로 대칭이고 상하로도 대칭을 이룬다. 원기둥은 하나의 곡면과 두 개의 원형 평면으로 구성되는데 이 두면은 서로 평행을 이룬다.
- **원뿔**은 사선의 윤곽선을 가지고 있기 때문에 매우 생동감 있는 형태이다. 원뿔의 비례를 변화시키는 가장 쉬운 방법은 가장 기초가 되는 회전축의 길이를 조정하는 것이다.
- **정육면체**는 시각적으로 가장 단순하면서 곧은 형태를 가지고 있다. 그것은 여섯 개의 기본 평면들이 동일한 정사각형이며, 각 요소들이 수직과 수평관계로 구성되어 있기 때문이다. 또한 각 면을 구성하는 선들의 길이 역시 동일하다.
- **직육면체**는 여섯 개의 직사각형 또는 정사각형들이 인접한 면들과 수직관계를 이룬다.
- **삼각기둥**은 원기둥과 마찬가지로 서로 평행한 두 삼각형 평면이 중심축을 기점으로 대칭을 이루고 있다. 기본적으로 세 개의 정사각형이나 직사각형과 서로 평행한 두 개의 삼각형으로 구성된다.
- **사각뿔**은 정상에 꼭짓점을 갖는다는 점에서 원뿔과 유사하다. 사각뿔은 네 개의 삼각형과 하나의 사각형으로 구성된다. 그리고 정사각형 또는 직사각형이 밑면을 형성하

며 사각뿔의 크기는 밑면 사각형의 비례와 꼭짓점의 높이에 의해 결정된다.

- **사면체**는 네 개의 삼각형 평면으로 구성되는데 정사면체는 구조적인 면에서 보면 정육면체와 유사하다. 사면체는 각 면들이 맞물려 있는 각에 의해서 비례의 변화가 생긴다.

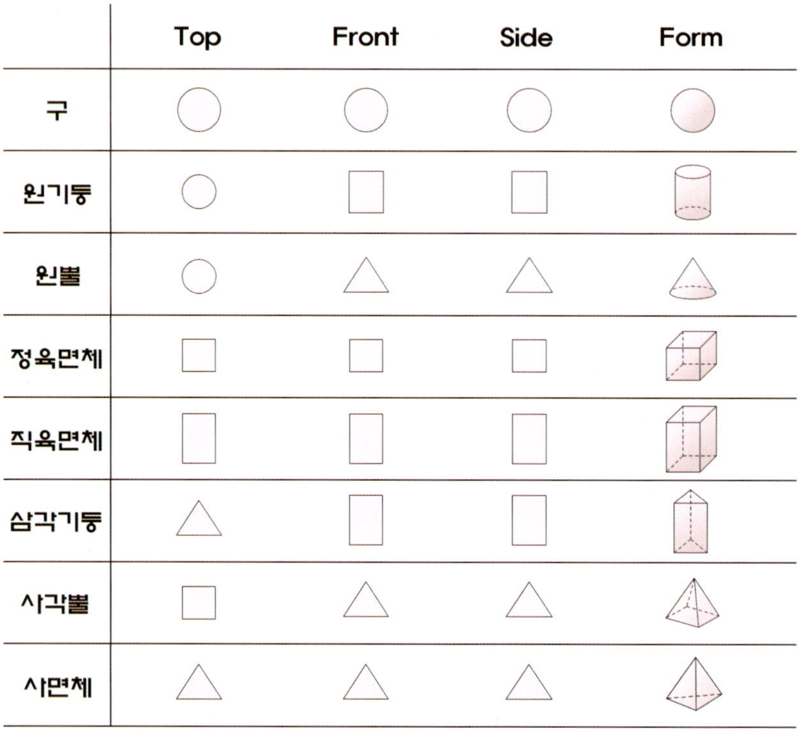

그림 1.2.3 기하학적 형태의 분류

위의 모든 기하학적 형태들은 각각의 크기와 그들이 차지하는 공간에 의해 다양해지므로 디자인이나 공간의 구성은 근본적으로 형태들의 결합과 배치에 의해 생성된다고 할 수 있다.

?! **알고가기**

기하학적 형태와 추상적 형태

추상적인 형태는 인위적으로 인간의 손을 거쳐서 도형화된 인공적인 형태들로써 가장 기본적인 원, 삼각형, 사각형들을 들 수 있으며, 이들 형태들은 인간에 의해 가장 단순하고 기하학적인

그림 1.2.4 기자의 피라미드와 파리의 루브르 박물관 앞 피라미드. 긴장감을 주는 동시에 가장 안정된 형태라고 일컬어지는 사각뿔의 형태로써 건축 및 실내계획 시 기본적인 형태로 많이 사용 되고 있다.

그림 1.2.5 역원추의 형태가 실내를 구성하는 중요한 요소로 계획되었다. 네델란드 무용극장, 렘 쿨하스, 암스텔담, 1987.(좌)
원형의 회의실 바깥쪽 벽면과 직선의 삼각형모양이 서로 결합하여 작은 테이블 공간이 계획되었다. Swiss Re, Studios Architecture, 샌프란시스코, 2001.(우)

형태로 인식된다. 이와 같이 인위적으로 디자인된 도형들을 우리는 기하학적 형태라고 부르며 이러한 형태들은 대부분 추상성을 지니고 있다.

그림 1.2.6 변형된 형태의 사각형이 긴장감과 함께 강한 매스감을 주고 있다. 서울대 미술관, 램 쿨하스, 2005.

그림 1.2.7 물의 교회, 안도 다다오.

그림 1.2.8 기하학적인 곡선의 형태와 직사각형의 형태로 구성되었다. 하얏트 리젠시, 마이클 그레이브스, 후쿠오카.

(2) 자연적 형태

자연적 형태는 생물의 성질이나 자연에서 느끼는 형태를 모방에서 유래된 형태를 말하며, 자연물을 그대로 모방한 자연주의적 형태와 자연물을 단순화시켜 왜곡시킨 형태로 분류된다. 대부분 디자인 발상단계에 적용하는데 자연을 그대로 표현하기보다는 기하학적인 요소를 적용하여 단순화 시키는 방법을 따르고 있다. 자연형태물의 모티브가 될 수 있는 예로는 눈결정체, 물고기, 달팽이, 소라, 호수, 산, 꽃, 버섯, 곤충 등과 같이 자연의 특성과 유기체의 형상을 직접적으로 모방하는 것이다. 특히 안토니오 가우디, 프랭크 O. 게리, 그리고 필립 스탁과 같은 건축가들이 짧은 유선형의 뿔, 물고기 등의 유기체의 형태를 선호하여 독창성 있는 작품들을 디자인하였다.

그림 1.2.9 활짝 피어나는 장미의 형상을 하고 있는 월트 디즈니 콘서트 홀, 프랭크 O. 게리, LA, 2003.

그림 1.2.10 자연의 형태인 버섯의 단면도와 버섯의 자연형태를 응용한 프랭크 로이드 라이트의 존슨빌딩 내 기둥 디자인.

그림 1.2.11 달팽이의 형태를 응용한 구겐하임 미술관의 실내와 외부의 모습, 프랭크 로이드 라이트, 뉴욕.

그림 1.2.12 새의 유기체의 형태적 이미지를 디자인에 적용하여 공간이 형성되었으며, 자유로운 곡선형은 연속적인 동선의 흐름을 부드럽게 연결해 주고 있다. 케네디국제공항, 에로 사아리넨, 뉴욕.[1)]

그림 1.2.13 인간의 몸의 뒤틀린 형상을 이미지화 시킨 토르소 아파트의 외형으로써 90°로 틀어져 있다. 산티아고 칼라트라바, 스웨덴.

그림 1.2.14 플랫 홈 기단 위에 돛, 파도, 조개껍질을 상징하는 10개의 둥근 아치형의 천장을 사용하여 구성하고 있다. 수평선 위에 창공을 향해 날개짓하며 상승하는 갈매기의 형상을 이미지화 하였다. 시드니 오페라하우스, 요른 웃존, 시드니, 1973.

그림 1.2.15 잎을 닮은 두 개의 구조로 각각 유리와 강철로 구성되 어 있으며, 마치 잎이 나부끼는 것처럼 보인다. 유리부분은 간결한 패턴과 함께 파골라와 같은 기능을 가지며 구조는 잎의 정맥을 연상케 한다. 지붕의 끝으로 갈수록 그 간격은 좁아진다. 금속부분은 4700개의 구멍을 뚫어 아크릴로 마감하였다. Garden Chapel, Klein Dytham Architecture, Yamanashi, Japan, 2004.[2)]

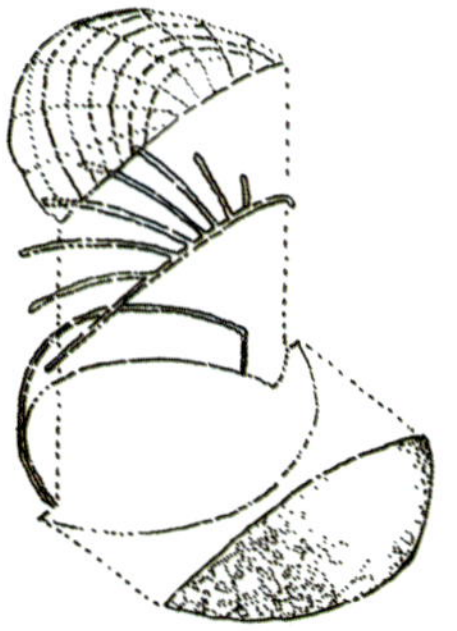

그림 1.2.16 두개의 구조물이 결합하는 순서와 방법.

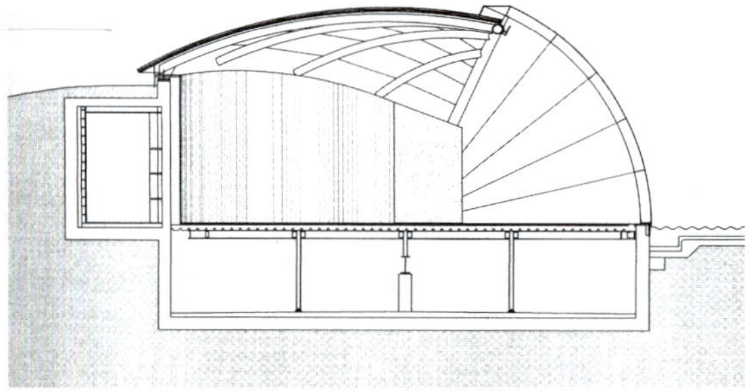

그림 1.2.17 금속과 유리부분의 결합된 형태의 실내단면도.

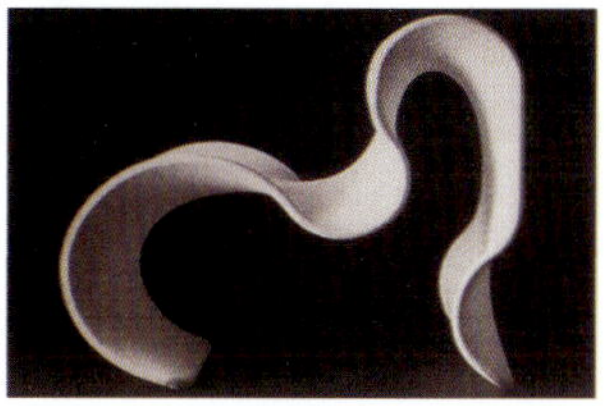

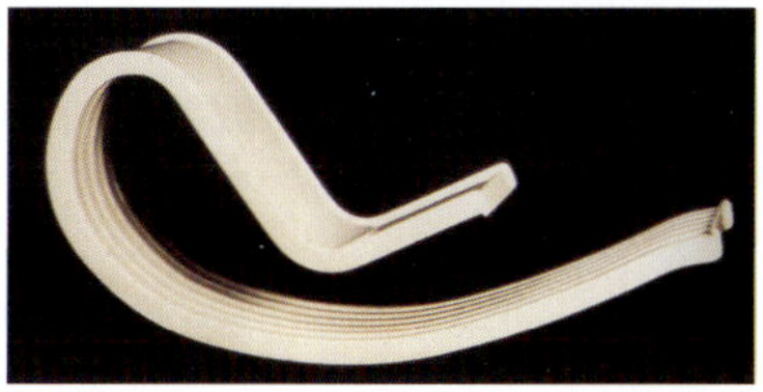

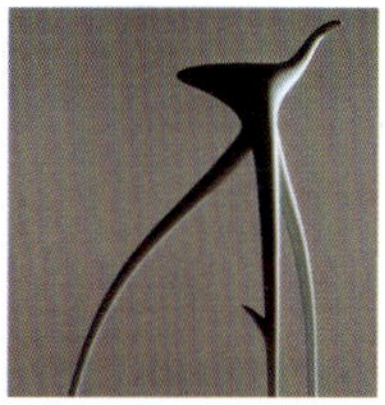

그림 1.2.18 자연형태의 자유곡선적인 특성과 유기체의 형태를 응용한 가구들의 사례로 매우 유기적이고 추상적인 디자인으로 계획되었다. 좌측상단으로부터 게리의 위글 보조의자(1972), 우에다의 로즈(1990), 셈프리니의 타틀린소파(1989), 기타의 윙크(1980), 드가넬로의 토르소(1982), 게리의 이지체어(1972), 그루포의 피오코(1970), 레오나르디의 돈돌로1967), 필립스탁의 W.W.의자(1990).[3]

모든 자연의 형태는 자연에 의해 만들어진 기하학적인 형태와 유기적인 자유로운 형태에 의해 표현되는데, 여러 가지 형을 인위적으로 이미지화하여 표현할 수 있는 가능성을 가지고 있으며, 디자인의 주제로 이용된 사례들을 발견할 수 있다.

■ 자연형태를 응용한 디자인 전개 과정

단 계	디 자 인 과 정
자연형태 설정	자연형태의 주제설정
이미지화(단순화)	자연형태의 기하학적 이미지화 단계
형태화(입체화)	단순화시킨 이미지를 반복, 교체, 변형의 과정을 통해 새로운 입체물로 창조하는 단계
디자인 적용	변형된 형태들을 입체적으로 구성하여 공간을 적용하는 단계

?! **알고가기**

자연적 형태와 구상적 형태

자연의 형태는 곧, 구상적 형태라고 말 할 수 있다. 우리 주변에서 쉽게 볼 수 있는 구체적인 형태를 가지고 있는 모든 자연물들은 다양한 형태로 표현이 가능하며, 주로 직선이나 기하학적인 선들 보다는 곡선이나 자유로운 선들에 의해 표현된다. 그 중 아르누보는 대표적인 구상적 형태의 미를 대표하는 디자인의 양식으로써 자연적 형태를 그대로 적용하여 마감하는 사례를 쉽게 발견할 수 있다.

그림 1.2.19 자유로운 곡면의 발코니, 까사 밀라, 안토니오 가우디.

그림 1.2.20 마치 파도가 치는 듯한 장면을 연상케 하는 벽면 디자인.[4]
캐나다 문명박물관, 오타와.

3) 형태와 형태의 결합

기하학적인 형태와 자연적인 형태는 공간에서 함께 어울리며 존재한다. 즉, 공간과 공간, 공간과 사물, 사물과 사물들이 서로 연결되고 결합하는 과정에서 우리는 이러한 요소들을 형태물로 지칭한다. 이들 형태물들이 결합하는 과정에서 어떻게 결합되고 그룹화 되는지 방법을 살펴보고자 한다.

그룹화 된 형태물들 사이에서는 가장 넓은 면적과 구조적으로 중요한 부분을 차지하는 적극적인 형태와 적극적인 형태에 영향을 받으며 보조적인 역할을 하는 소극적 형태, 그리고 적극적인 형태와 소극적인 형태에 대해 상호 보완적인 역할을 하는 종속적인 형태들이 서로 구조적으로 연결되어 있다. 결국, 공간의 디자인은 가장 단순하고 명확한 요소들인 형태물들이 서로 구조적으로 결합하면서 시작된다고 볼 수 있다.

(1) 직육면체의 결합

아래의 사례는 직육면체의 형태, 즉 매스나 볼륨을 가진 형태물들의 결합하는 방법을 제시하고 있다.

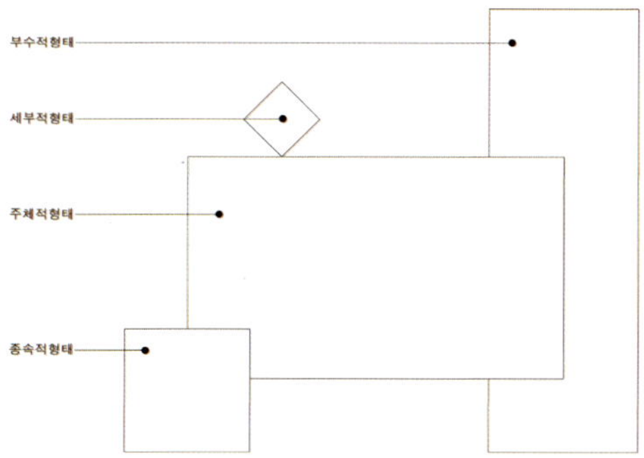

그림 1.2.21 직육면체를 이용해 주체적, 부수적, 종속적, 세부적 관계를 볼 수 있는 예로써 각각의 길이, 너비, 두께를 갖는 형태물들 간의 대비와 비례를 적용한 작품이다.[5]

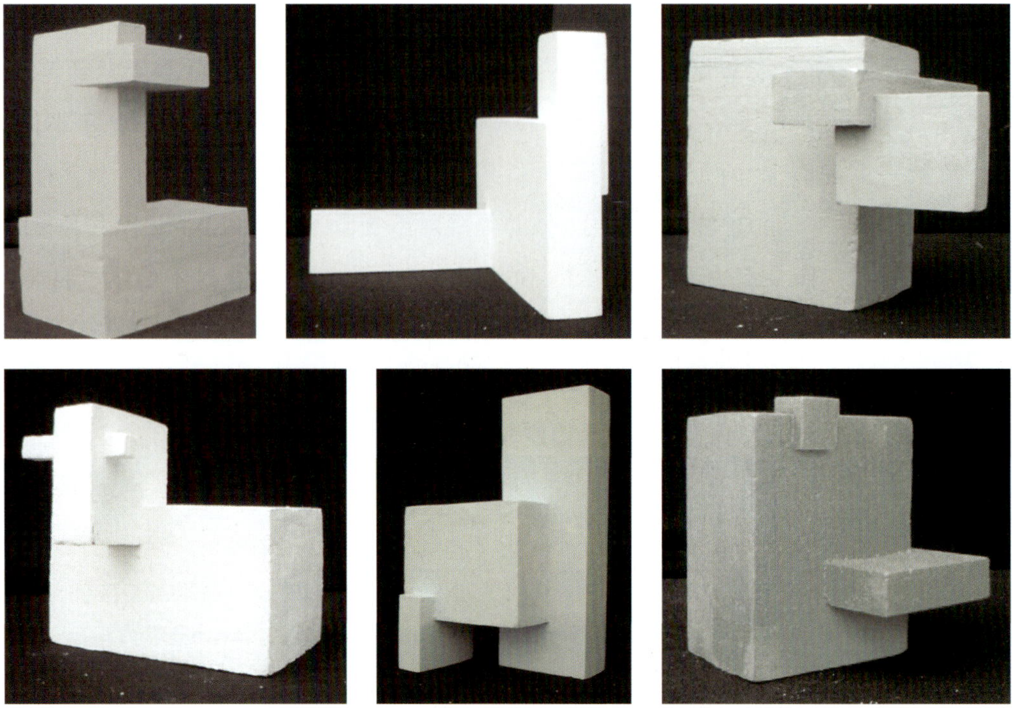

그림 1.2.22 각각의 직육면체들은 수평, 수직 그리고 깊이의 방향에 따라 다양한 방법으로 연결되고 있다.(학생작품)

직육면체들은 서로 교체하면서 연결되고 있으며, 크기의 차이를 확인할 수 있다. 각각의 직육면체들은 수평, 수직 그리고 깊이의 방향에 따라 다양한 방법으로 연결되고 있으며, 서로 결합된 후의 전체적인 구조물은 위치, 비례, 방향에 따라 구조적으로 안정감을 가진

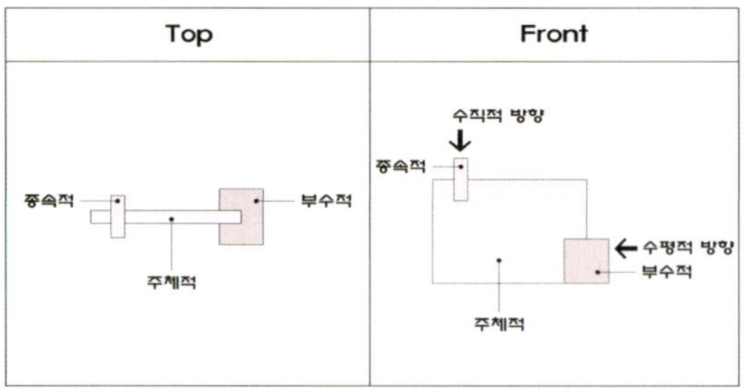

그림 1.2.23 직육면체들의 결합을 통해 주체적, 부수적, 종속적 관계를 볼 수 있으며, 각각의 직육면체들은 수평, 수직, 깊이의 방향에 따라 다양하게 구조적으로 연결되고 있다.

다. 특히, 수평, 수직의 선이 서로 직교하여 결합된 조형물은 정식적이고 엄격한 질서를 느낄 수 있다.

그림 1.2.24 직육면체들이 수평, 수직, 깊이의 방향에 따라 주체적, 부수적, 종속적인 형태들이 복합 상호교차형태로 결합함으로써 다양성과 통일감 있는 매스감을 느낄 수 있다. 대기연구소(National Center atmosperic), 이오밍페이, 1961–1967.

그림 1.2.25 투명유리와 화이트 오크의 마감으로 정돈되고 차분한 이미지의 회의실이다. 전체적인 이미지는 직사각형의 매스들이 서로 부분 결합되어 구성되고 있다.[6]

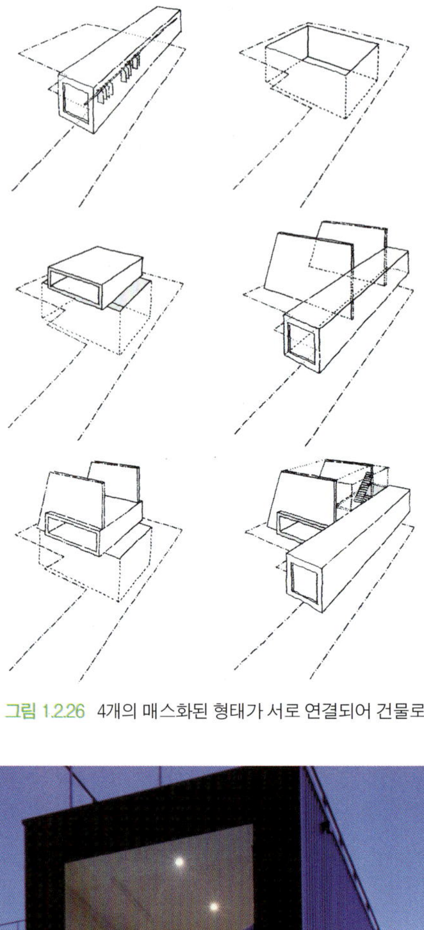

그림 1.2.26 4개의 매스화된 형태가 서로 연결되어 건물로 완성되었다.

그림 1.2.27 결합된 건물의 형태는 수동적인 건물전체(주체적)와 능동적인 직육면체(부수적)가 서로 부착된 형태로써 수평적으로 완전결합을 하고 있다. 좁은 통로의 상부에 위치하여 상층 공간을 넓게 활용하고 있다. Undercover Lab, Klein Dytham Architecture, Tokyo, Japan, 2001.[7]

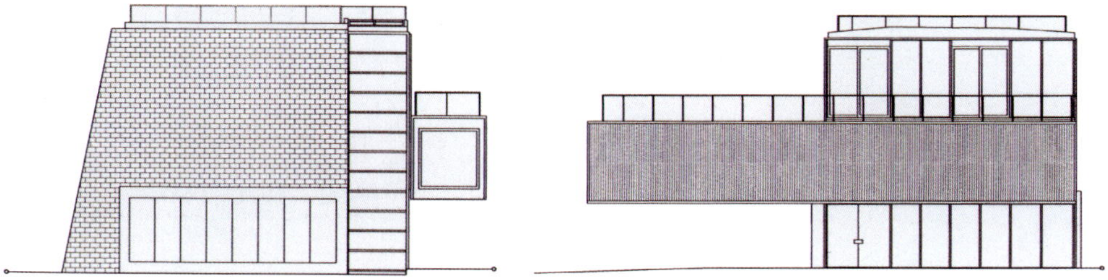

그림 1.2.28 수평적으로 부착된 긴 직사각형 형태의 정면과 측면의 모습

이와 같이 규칙적이고도 안정된 구조물을 만들기 위해서 각각의 직육면체들은 순서에 입각하여 계획된다. 즉, 크기가 가장 큰 주체적인 형태(수동적)가 중심이 되어 부수적(능동적), 종속적인 형태(능동적)가 부분적, 또는 완전하게 결합하는 방법으로 구성된다.

<요 약>

- 주체적 형태(적극적 형태) – 능동적 형태
- 부수적 형태(소극적 형태) – 수동적 형태
- 종속적 형태(보완적 형태)
- 세부적 형태

(2) 곡면체의 결합

앞에서 살펴본 직육면체들의 결합이 수평과 수직이 직각으로 이루어진 모양이었다면 곡면체의 결합은 사선의 축을 이용하여 역동적이고 움직임을 표현하는 것에 중점을 두고자 한다. 원과 구와 같은 기하곡선의 모양에 의한 구성 방법으로 사선의 축에 의해 강한 방향감을 가질 수 있도록 구성한다. 사선은 일반적으로 동적인 공간을 디자인할 때 많이 사용된다. 곡면체의 종류는 구, 반구, 원뿔, 원기둥, 계란형, 계란형 주추, 반계란형, 둥근형 주추 등으로 구분할 수 있다.

그림 1.2.29 계란형주추, 원뿔, 구로 구성된 다양한 곡면체들을 서로 사선의 축으로 결합한 후 나타난 결과물로써 강한 방향성을 보여주고 있다.[8] (학생작품)

?! **알고가기**

형태와 축의 관계

형태와 형태를 연결하고 결합할 때 눈에는 보이지 않는 다양한 가상의 축의 변화에 의해 느껴지는 조형미는 각기 다르다. 수직, 수평의 관계, 사선축의 관계, 곡선의 관계 등 직선 축에서부터 곡선 축에 이르기까지 형태들이 서로 결합하는데 있어 축들의 변화에 의한 긴장감으로 매우 흥미롭다.

축은 형태와 형태가 서로 결합하는 과정에서 자연스럽게 형성되기 보다는 의도적으로 디자이너가 처음부터 설정하고 적용하여 원하는 형태물로 만들기 위한 요소이다. 즉, 각도의 변화를 주어 보다 다양한 형태물로 만들기 위한 것이다. 이때 어느 한쪽 방향에서 본 각도 보다는 여러 각도에서 보았을 때 다양한 변화를 느낄 수 있어야 한다.

(3) 직육면체와 곡면체의 결합

앞에서 살펴 본 기하학적인 형태들을 수평, 수직의 축으로 이동하여 결합한 경우는 매우 정직하고 정적이며 엄격하고 질서정연하지만, 때로는 그 어떤 유기적인 형태보다도 강한 역동감을 느낄 수 있다. 직육면체와 곡면체를 결합하는 과정에서 강한 역동감과 방향성을 표현하기 위해 사선의 축을 활용하여 표현할 수 있다.

다수의 직육면체와 곡면체를 서로 결합하는 과정에서 주체적(적극적)형태와 부수적(소극적)형태, 그리고 종속적(보완적)인 형태들은 서로 사선의 축과 다양한 각도의 방향으로 뻗어나가고 있다. 매우 복잡해 질 수도 있는 상황이지만, 형태와 형태가 서로 규칙적으로 변화하면서 연결되고 움직임이 매우 강하게 표현되고 있다.

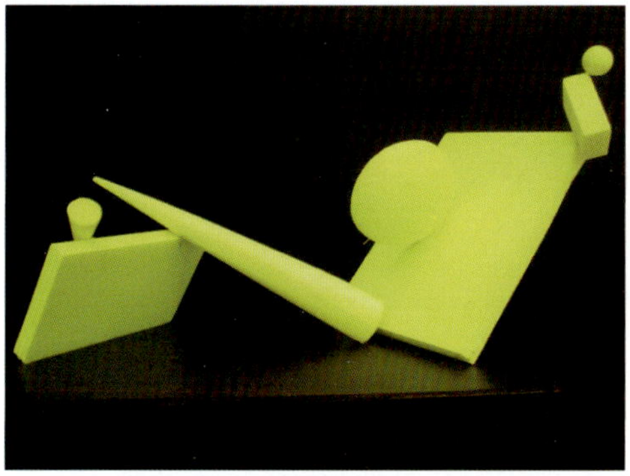

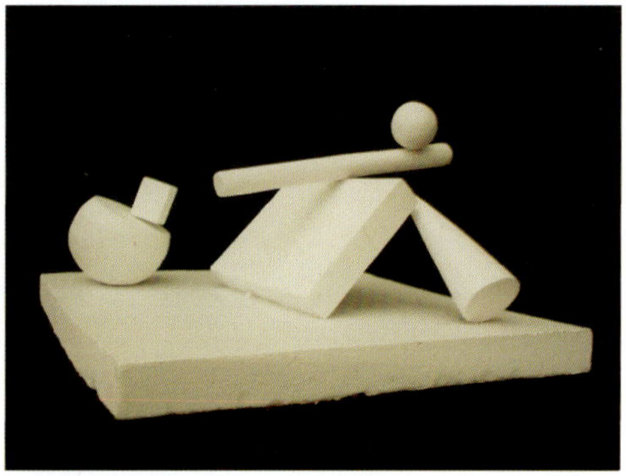

그림 1.2.30 직육면체와 곡면체의 결합의 사례로써 직육면체의 주체적인 형태와 원뿔과 원기둥의 부수적인 형태, 그리고 구과 정사각형의 종속적인 형태와 세부적인 형태로 구성되었다. 모든 형태들의 연결은 강한 움직임을 표현하기 위해 사선의 축을 공통으로 사용하였다.[9] (학생작품)

이와 같이 기하학적인 형태들은 매우 정직하고 정적이지만 어떻게 결합되는가에 따라 매우 역동적이게 표현될 수 있다는 것을 알게 된다. 때로는 엄격하고 질서정연하지만, 때로는 그 어떤 유기적인 형태보다도 강한 역동감을 느낄 수 있다.

(4) 형태와 형태의 결합을 통한 실내 및 건축 사례

기하학적인 형태들과 자연적인 형태들의 결합을 통해 우리는 공간의 미묘한 아름다움을 경험할 수 있으며, 크고 작은 형태물들이 서로 결합하여 형성된 공간은 매우 입체적이며 조형미를 더해 준다.

이와 같은 형태물들은 정식적인 결합으로, 또는 자유로운 결합으로 생성되며, 구성된 형태물들은 각각 실내 및 건축물에서 쉽게 발견할 수 있다.

그림 1.2.31 정식적인 공간 안의 또 다른 유기적인 형태물로 인하여 부수적인 공간이 만들어졌다.[10]

그림 1.2.32 기하학적인 형태들과 자연적인 형태들의 결합을 통해 우리는 공간의 미묘한 아름다움을 경험할 수 있으며, 크고 작은 형태물들이 서로 결합하여 형성된 공간은 매우 입체적이며 조형미를 더해 준다. 이와 같은 형태물들은 정식적인 결합으로, 또는 자유로운 결합으로 생성되며, 구성된 형태물들은 각각 실내 및 건축물에서 쉽게 발견할 수 있다. 강한 매스감이 있는 곡면체의 형태물을 벽과 천장에 적절히 사용하여 정식적인 공간의 영역을 구분하고 있다.[11]

그림 1.2.33 강한 유기적인 곡면체의 형태물이 서로 자유롭게 결합되어 매스감을 더해주고 있다. 예일대학 하키링크, 에로 사아리넨, 1956~58.

?! 알고가기

알바르 아알토의 건축을 통한 형태 구성 원리

전체적인 건물은 'ㄱ' 자 형태를 하고 있으며, 'ㄷ'자의 마당을 함께 배치하였다. 아알토는 자연과의 일체감을 조성하기 위해 핀란드의 자연을 은유한 유기적인 건축물의 형태와 기능을 추구하였다.

그림 1.2.34 빌라 마이레아, 알바르 아알토, 핀란드, 누르마르크, 1939.

마이레아 주택은 서로 다른 내부의 기능들이 연결되어 통합되었으며, 그로 인해 외부의 형태를 갖추게 되었고, 매스감을 형성하였다. 전체 건물의 매스는 내부의 형태가 외부의 형태로 연결되면서 형성된 볼륨감을 살렸으며, 유기적인 형태와 기하학적인 형태로 조합을 하였다. 즉, 비선형 구조의 커브형(curve), 펜형(fan), 웨이브형과(wave) 선형 구조의 조합, 그리고 'ㄱ'자형과 'ㄷ'자형의 평면으로 매스가 형성되었다.

■ 프랭크 로이드 라이트(Frank Lloyd Wright, 1867-1959)의 건축세계

프랭크 로이드 라이트는 미국을 대표하는 세계적인 건축가로서 1867년 위스콘신주 출신으로 1885년 위스콘신 대학에 입학하였으나 1887년에 중퇴를 하고 그의 스승인 루이스 설리반 사무소에 들어갔다. 1893년 시카고에 자신의 사무실을 개설하고, 만국박람회를 통하여 일본과 동양의 건축에 관심을 갖기 시작하였다. 그는 "유기적 건축"이라는 것을 '시간'과 '장소'와 '인간'에게 어울리는 것으로 정의했으며, 이 세 가지 원리가 그의 일생 동안 그의 건축물을 지배하였고 그의 유기적 건축은 시간이 흐름에 따라 자연 속에서 하나의 생명체처럼 성장 변화해 가고, 내부와 외부가 연계성을 갖게 되며, 그의 디자인의 모든 것이 자연에서 연유되었다. 즉, 그는 건축물을 중심핵으로 외부 자연계와의 조화를 도모함으로써 인간의 유기적인 생활을 반영하는 질적(質的) 건축이 되어야 한다는 이론에 입각하였다.

특히, 프랭크 로이드 라이트의 자연에서 추출된 그의 건축적 모티브는 가장 원초적인 개념으로 읽을 수 있으며, 자연에 대한 직관은 자연의 자태에서 형상화된 구조의 시스템을 비롯하여 형태, 내·외부 공간의 관입, 수직과 수평의 상호 연관 관계 및 연속과 확장, 반복 및 대립의 관계로 이어져 각각의 개체가 결합되면서 일체로 표현되는 유기적 건축의 맥을 이루고 있다고 하였다.

또한 라이트는 유기적 건축사상의 철학적 배경으로서의 상보적 역할을 한 동·서양 철학에 접목시켰는데 그것은 서양의 프뢰벨 사상과 동양의 도가사상이었다. 라이트의 유기적 건축이론과 그의 작품을 연구하는데 있어, 그와 일본의 관계는 가장 중요하게 다루어졌으며, 그의 유기적 건축에 대한 사상은 결코 서양의 사상만으로 그리고 동양사상의 영향만으로도 이루어진 것이 아니며, 동·서양 사상의 전일적 결합에서 이루어진 것이다.

라이트의 유기적 건축사상에 미친 사상적 영향에 있어, 동양의 도가사상, 그리고 서양의 프뢰벨 사상은 그 중심 내용에 있어 근본적으로는 라이트에게 공통된 이해를 하도록 만들었던 것이며, 이러한 이유로 라이트는 그 같은 사상들을 모두 그 자신의 유기적 사상의 근원이라고 언급하였다.

산업혁명 이후 다양화되고 집중화된 기능을 갖춘 복합적인 공간을 요구하기 시작하면서 라이트의 구축 방법은 자연과 재료에 내재한 원리를 그대로 이용하고 근대기술을 적절히 이용하여 인간의 욕구에 부합되는 디자인을 창조하였다.

라이트의 대표작품으로는 윈슬로우저택, 로비주택, 라킨빌딩, 유니티교회, 일본의 제국호텔, 카우프만주택(낙수장), 존슨왁스회사, 구겐하임미술관 등이 있다.

1. 낙수장(Falling Water_카우프만 주택, 펜실베니아, 1935-39)

자연과 주택이 어울려 조형적 감각으로 건축미를 살린 주택이다. 떨어지는 물 위에 지어진 집, 자연석을 그대로 바닥재로 노출시켜 사용한 점 등이 인간은 자연의 한 부분이라는 것을 표현함으로써 자연생활에 대한 라이트사상의 실현했다. 특히 캔틸레버 구조(기둥없이 커다란 콘크리트 바닥판이 그대로 튀어나온 형태)를 사용해 더욱 더 유명해진 주택이기도 하다.

2. 구겐하임미술관(뉴욕, 1943)

솔로몬 R. 구겐하임 미술관의 특징은 경사로가 통로인 동시에 전시공간이며 상부로 감에 따라 확산하는 역원추의 형태이다.

3. 존슨 & 왁스빌딩(위스콘신, 1937-39)

건물 외관의 형태와는 달리 실내의 이미지는 원의 형태를 반복하여 곡선적인 구조의 조형성을 강조하였다. 벽돌과 유리를 사용하여 밝고 자연스러운 분위기를 연출하였으며 마치 숲에 들어와 있는 듯 한 착각을 불러일으킨다.

[참고문헌]

1) Interior Design, Cahers, July, 2007

2), 7) Alejandro Bahamon, Sketch · Plan · Build, Collins Design, 2005

3) Charlotte & Peter Fiell, 1000Chairs, Taschen, 2005

4) 일본건축학회 편, 한영호 · 박소영 공역, 공간디자인 이해, 기문당, 2007

5), 8), 9) 게일 그리트 하나, 김선희 역, 디자인의 요소들, 안그라픽스, 2005

6) Frame #50. Frame, May/Jun, 2006

10) Frame #51. Frame, Jul/Aug, 2006

11) Frame #59. Frame, Nov/Dec, 2007

3. 선

선은 기하학에서 무수한 점들의 연속이라고 말한다. 선의 움직임에 따라 실내의 이미지를 정적인 것과 동적인 것으로 구분하며, 선의 길이나 간격의 변화에 의해 공간은 더욱더 다양하고 리듬감 있게 표현된다.

선은 실내의 긴장감과 방향성에 중요한 역할을 하는 가장 기본적인 디자인적 요소이며 형을 구별하는 구성요소이기도 하다.

1) 선의 종류

선의 종류에는 크게 직선과 곡선으로 구분된다. 직선에는 수직선, 수평선, 사선이 있으며, 곡선에는 기하곡선과 자유곡선이 있다.

- 수직선은 대체로 곧고 정직하며 긴장감과 상승감을 준다.
- 수평선은 편안하고 안락한 느낌을 주는데 긴 수평선은 안정감 있으나 짧은 수평선은 긴장감을 느낄 수 있다.
- 사선은 역동적이며 강한 방향성을 가지며, 특히 예각은 날카로운 긴장감을 더해준다.
- 곡선은 부드러우면서도 유연한 이미지를 준다. 기하곡선은 정돈된 이미지의 정적인 안정감을 주며 자유곡선은 활발함과 자유로운 이미지를 준다.

2) 선의 결합

(1) 수평선과 수직선

가장 단순한 형태라고 말하는 직선은 곧바로 뻗어 무한대로 뻗어 나가려는 성격을 가지고 있다. 직선은 크게 수평선, 수직선, 그리고 사선으로 나뉠 수 있는데, 그 중 가장 단순한 형태는 '수평선'이다. 단순하면서도 매우 명확한 직선의 하나로서 안정된 건축 및 실내를 계획할 때 많이 사용된다.

이 수평선과 직각을 이루는 '수직선'은 안정감 보다는 강한 상승감과 긴장감을 느낄 수 있다. 따라서 많은 디자이너들의 작품 속에는 수평선과 수직선을 같이 생각하고 결합하여 사용함으로써 가장 단순한 형태이지만 많은 생각을 할 수 있는 철학이 담긴 작품들을 많이 찾아볼 수 있다.

그림 1.3.1 전체적으로 수평적인 건물의 매스와 수직적인 창의 패턴, 그리고 중앙의 사선의 벽면으로 구획 되었다. 핀란디아 콘서트홀, 알바르 아알토, 핀란드, 헬싱키, 1975

그림 1.3.2 수직성이 강한 빌딩과 수평성의 반구형의 건물이 광활한 대지 위에서 조화를 이루고 있다. 브라질 국회의사당과 종합청사, 오스카 니마이어, 브라질, 1967

?! **알고가기**

몬드리안이 말하는 직선과 수평선

몬드리안은 수평선과 수직선은 가장 간결한 선임에도 불구하고 가장 완벽한 디자인을 할 수 있는 요소라고 생각하여 그의 작품에 적용하였다. 그는 가장 이상적인 형태로써 네 개의 직선이 모여서 형성된 사각형 공간의 구성은 논리적이고 합리적이며 시각적으로는 명쾌함과 간결성을 갖는다고 하였다.

그림 1.3.3 기하학적인 구조와 절제된 원색의 사용으로 완공한 후 찰스와 레이 임즈는 모듈식 수납 디자인을 발전시켰다. 주택 No. 8 사례연구, 찰스 & 레이 임즈, 1945-1949.

그림 1.3.4 몬드리안의 회화에 영향을 받은 데 스틸 양식의 대표적 건축사례. 데 스틸은 네델란드어로 양식이라는 뜻이다. 순수성, 직관성을 강조하는 몬드리안의 회화에 영향을 받았다. 슈뢰더 하우스, 리트벨트, 1921.[1)]

그림 1.3.5 강한 수직적인 기둥과 수평적인 테이블의 디자인이 서로 격자의 형태로 교차하며 어울리고 있다.

그림 1.3.6 강한 수평적인 매스의 건물에 옆 계단의 짧은 수평선으로 인해 리듬감을 느낄 수 있다.

그림 1.3.7 수평선과 수직선이 만나 격자 형태를 이루고 있다.[2)]

그림 1.3.8 일 팔라치오 호텔, 알도 로시, 후쿠오카, 1989.

그림 1.3.9 Natural Illuminance, Masaki Endoh+Masahiro Ikeda, 도쿄.

수평적 구성을 즐겨 사용한 미국의 유명한 건축가인 프랭크 로이드 라이트는 그의 작품 낙수장(Falling Water)과 윙스프레드(Wingspread)주택에서 수평성을 강하게 표현하였다. 지붕의 처마를 콘크리트 슬라브의 캔틸레버를 수평으로 돌출시켜 집의 구조를 획기적으로 계획하였다.

그림 1.3.10 수평적 구성을 즐겨 사용한 미국의 유명한 건축가인 프랭크 로이드 라이트는 그의 작품 Falling Water와 Wingspread에서 수평성을 강하게 표현하였다. 지붕의 처마를 콘크리트 슬라브의 캔틸레버를 수평으로 돌출시켜 집의 구조를 획기적으로 계획하였다. Falling Water, 프랭크 로이드 라이트, Pennsylvania.

그림 1.3.11 Wingspread, 프랭크 로이드 라이트, Wisconsin.

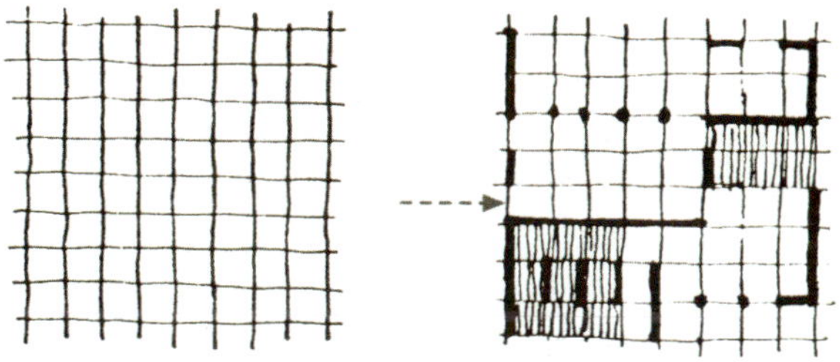

그림 1.3.12 그리드에 따라 자유롭고 시스템적인 평면구성과 구조계획이 가능하다.

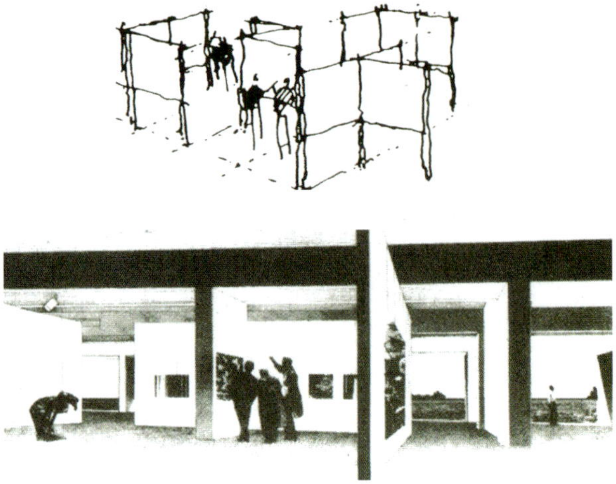

그림 1.3.13 전시공간 내에 적용된 격자그리드의 공간구성.[3]

그림 1.3.14 같은 공간을 영역별로 구분을 하기위해 수평, 수직선의 구조벽으로 인해 형성되었다. 단순한 형태이지만 매우 효율적이고 체계적으로 분할하고 있다.

그림 1.3.15 수평, 수직선이 단순히 직교하여 생성된 육면체의 건물들이 서로 적층하여 정돈된 주택단지를 형성하였다. 로꼬 하우징, 안도 다다오, 고베, 1993.

그림 1.3.16 수평, 수직선이 서로 직교하여 생성된 입체물이다. 라빌레뜨 공원, 베르나르드 추미.

(2) 사선

사선이 가지고 있는 조형적 이미지는 동적이며 움직임을 표현할 때 사용한다. 사선은 단독으로 조형성을 발휘하기 보다는 기존의 수평선과 수직선에 의해 두드러질 수 있으며, 사선들이 서로 겹치거나 교차하면서 생기는 파괴적인 기하학적 구성을 표현하고자 할 때 적합하다. 특히 겹쳐질 때 생기는 예각의 이미지는 강한 역동성과 날카로운 긴장감을 갖는다.

그림 1.3.17 강한 사선의 형태와 틀어진 사각형의 형태로 역동감을 느낄 수 있다. 비트라 소방서, 자하 하디드, 1993.

실내공간에서 사용되는 사선은 매우 추상적이며, 대부분 기존의 틀에서 벗어나고자 할 때 많이 사용된다. 즉, 다양한 축의 방향에서 나오는 선들이 서로 교차하면서 생기는 여러 가지 형태의 사각형과 삼각형들이 자유롭게 어울려 극단적인 시각적 이미지를 더해준다.

그림 1.3.18 사선과 사선이 만나 생성된 매스들은 매우 명쾌하고 단순하며 강한 이미지를 불러 일으킨다.[4)]

그림 1.3.19 의도적으로 계획된 기울어진 벽면의 사선은 공간의 긴장감을 높여준다.[5)]

그림 1.3.20 벽면과 만난 2층 바닥면의 사선은 공간의 깊이감과 방향성을 더해준다.

그림 1.3.21 정적인 실내공간의 사선의 패턴이 매우 강렬하게 느껴진다. 직사각형 태의 입체물과도 같은 이 매스는 계단실과 화장실로 계획되었다.[6)]

그림 1.3.22 강한 모노톤의 배색과 사선에 의한 디자인이 패션샵의 분위기를 압도하고 있다.[7)]

그림 1.3.23 전체적인 화이트의 공간에 블랙의 강한 사선이 대조를 이루어 깊이감과 방향성을 표현하였다.

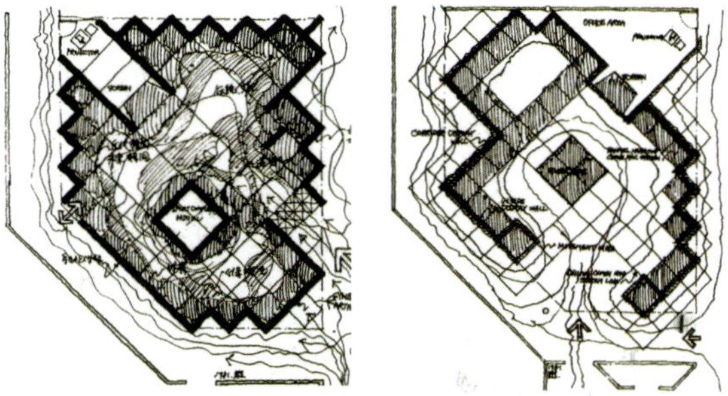

그림 1.3.24 45°의 사선 그리드에 의해 공간이 구획되어 사선에 의해 매스가 분절되고 내부의 파티션이 배치되었다.[8]

직선과 사선이 혼합된 평면의 사례

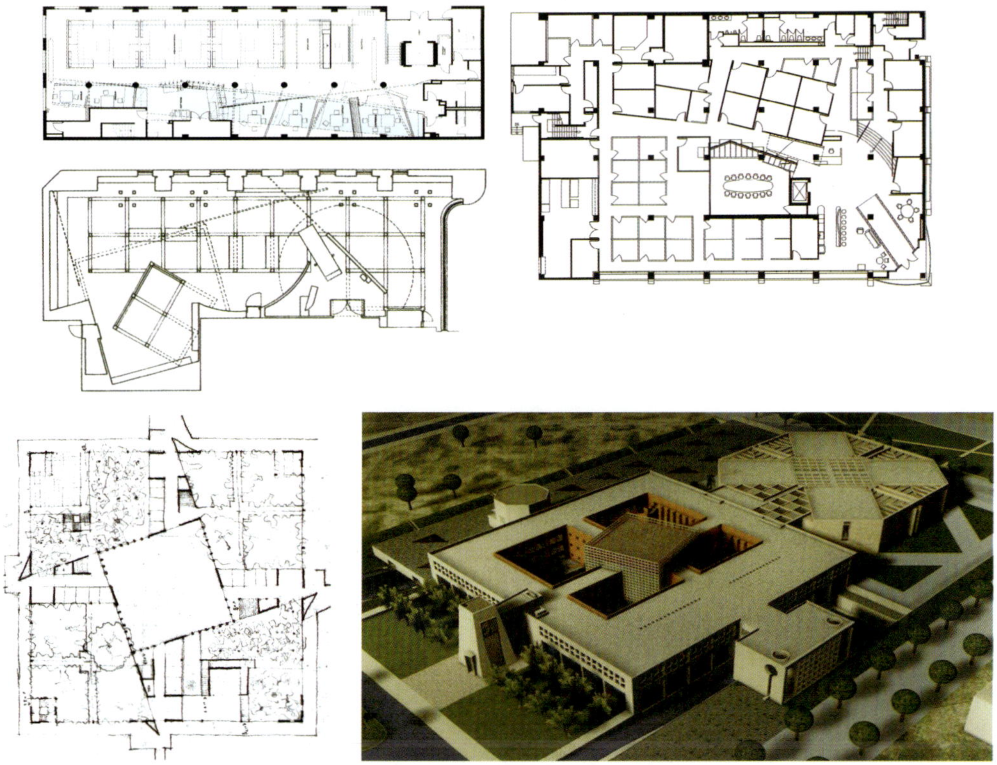

그림 1.3.25 School of Engineering and Business, Doha, Qatar, Regorreta + Legorreta, 2006.[9]

(3) 기하곡선

기하곡선은 정적인 가운데 유연하고 부드러운 이미지이다. 자유곡선이 복잡하고 동적인 반면 기하곡선은 매우 이지적이면서도 단아하다.

기하곡선의 종류에는 원과 타원, 와선 등이 있으며, 원은 완벽한 형태로서 안정감을 주고, 타원은 보다 유연한 느낌을 주며, 와선은 다른 곡선들과 결합하기 어려우나 독립적으로 사용한다면 규칙적이면서 리듬감을 표현할 수 있다.

따라서 공간의 변화를 주거나 이지적이면서도 복잡한 변화의 느낌을 주기 위해서 기하곡선을 사용한다.

그림 1.3.26 원형의 중앙홀은 매우 정적이면서도 안정감을 느낄 수 있다.[10)]

그림 1.3.27 평면계획에서도 원은 중심적인 공간으로서 완벽하게 영역을 구분하고 있다.[11)]

다양한 원의 모듈을 이용한 공간의 구성은 다음과 같은 방법으로 표현될 수 있다.

- **동심원 구조**는 하나의 중심을 지닌 동심원의 그리드를 이용하는 것으로 주로 원형광장이나, 체육시설에 주로 사용된다. 중심이 하나이므로 자칫 단조로워 보여 질 수 있으나 부분적인 바닥의 패턴을 변형하여 완화시킬 수 있다.

  또한 하나의 공간뿐만 아니라 여러 공간을 복합적으로 계획할 때 동심원의 원호를 따라 겹쳐지는 선을 따라 원의 일부가 사용되거나 독립적으로 사용되어 구획되기도 한다. 이 외에도 천장, 벽, 가구 등을 디자인 시 응용되기도 한다.

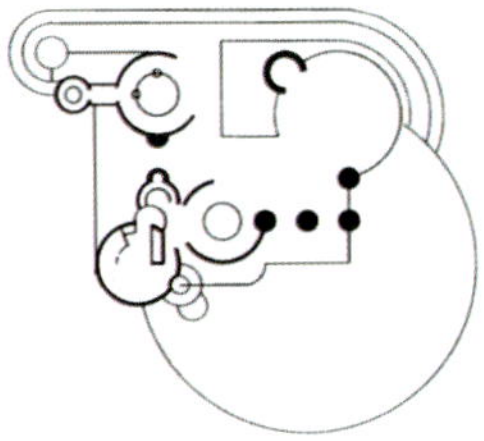

그림 1.3.28 라이트는 완전한 원이나 반원과 같은 정형의 기하학적 도형만을 사용하였다. 랄프 제스터 주택의 평면도와 전경, 프랭크 로이드 라이트, 1938.[12]

그 외에도 원의 중심에서 뻗어나가는 방사형 직선과 모듈에 의해 부채꼴 모양의 공간이 계획되기도 한다.

그림 1.3.29 원의 중심에서 일정한 간격으로 뻗어나간 방사형 직선과 모듈에 의한 배치이다.

이와 같이 원을 중심으로 형성된 디자인은 매우 규칙적이고 정돈된 이미지를 하고 있으며, 때로는 자유롭고 재밌는 평면으로 구성될 수 있다.

- **구심형 구성**은 강한 중심성을 가지며 모든 공간이 중심을 향해 집중되는 구성을 말한다. 근대 이전에 세워진 많은 서양 건축물들이 구심형 공간구성을 취하고 있다. 그 이유는 중심공간은 소우주(microcosm)적 개념의 신성한 공간으로 매우 중요하게 생각하였기 때문이며, 그 이유로 많은 주택에서 중심공간에 화로 및 벽난로를 설치하였고, 종교건축은 중심에 돔을 두고 상징성을 부여하였다.

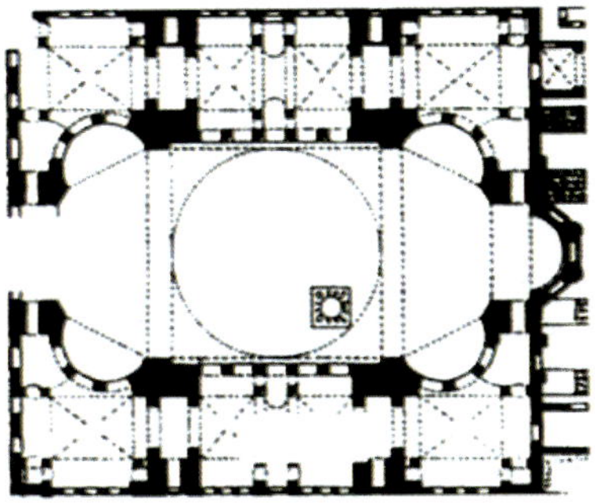

그림 1.3.30 중심공간에 대한 신성공간의 이미지가 반영된 소피아 성당

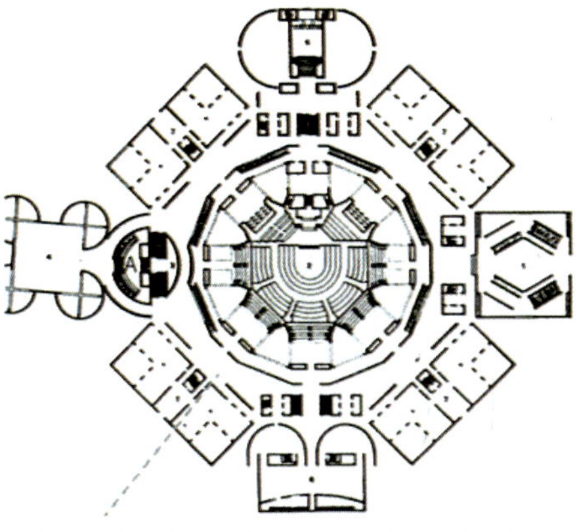

그림 1.3.31 근대건축에 해체되었던 구심형 평면이 현대로 들어오면서 다시 부활하였으며, 이때 나타난 건축이 포스트모던건축이었다. 대부분은 좌우대칭의 입면구조를 가지며 공간구성도 구심형을 추구한다. 방글라데시아 국회의사당, 루이스 칸, 1974.

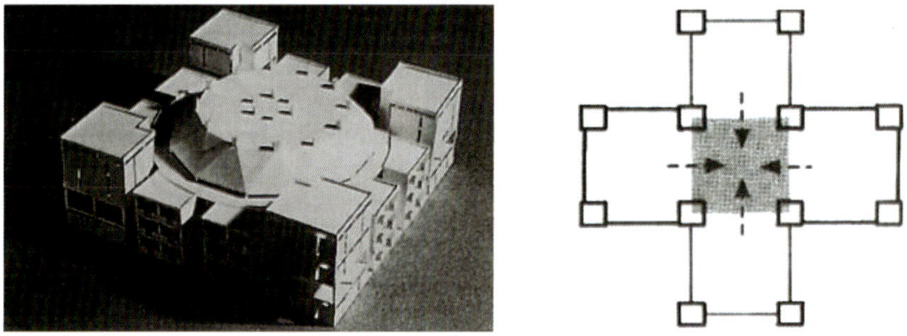

그림 1.3.32 루이스 칸의 건축과 중심성이 표현된 작품이다. 유니테리안교회, 뉴욕, 1961.[13]

(4) 자유곡선

자유곡선은 자연스러운 아름다움을 느끼게 해주며, 감정이 풍부한 느낌을 준다.

자유곡선은 크게 느린 곡선, 빠른곡선, 방향곡선의 세 가지로 분류할 수 있다. 느린곡선의 정곡선, 휴식곡선과 빠른곡선의 지지곡선, 궤도곡선, 회귀곡선, 그리고 방향곡선의 포물선, 역회전 곡선, 현수선, 방향곡선, 강조된 곡선, 나선형 곡선으로 나눌 수 있다. 곡선의 이미지는 아래와 같다.

구분	선의 종류			
느린 곡선	정곡선	휴식곡선	지지곡선	
빠른 곡선	궤도곡선	회귀곡선	포물선	역회전곡선
방향 곡선	현수선	방향곡선	강조된곡선	나선형곡선

그림 1.3.33 자유곡선의 종류[14]

이와 같은 곡선들은 서로 연결되어 하나의 형태를 형성하게 되고 유기적이고 자유롭기 때문에 매우 대담하며 매력적인 이미지의 실내를 만들 수 있다.

?! **알고가기**

아르누보와 유기적인 디자인

유기적인 디자인의 역사적 배경에는 1890년대의 아르누보 디자인이 있다. 아르누보는 자유곡선미가 강조된 유기적인 디자인으로서 식물줄기의 형태의 곡선을 사용하였으며 부드러운 곡선의 이미지로 아름답고 섬세함을 표현하기 위해 영국에서 시작되었다.

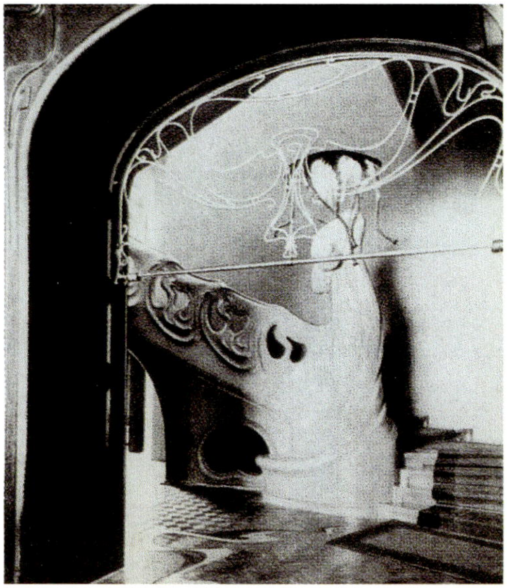

그림 1.3.34 처음엔 주택으로 지어졌으나, 지금은 미술관으로 이용되고 있다. 아르누보의 디자인을 충분히 표현해낸 실내로서 곡선형의 계단과 식물의 넝쿨모양의 입구, 그리고 스테인드 글래스의 은은한 조명으로 인해 더욱더 아름다움을 표현하고 있다. Gorky Museum, 효도르첵텔(Fyodor Schekhtel), 모스크바, 1900–1902.[15]

그림 1.3.35 실내공간에서는 천장의 구조물, 바닥의 패턴, 가구의 이미지 등과 같이 다양한 요소를 통하여 자유곡선을 표현할 수 있다.

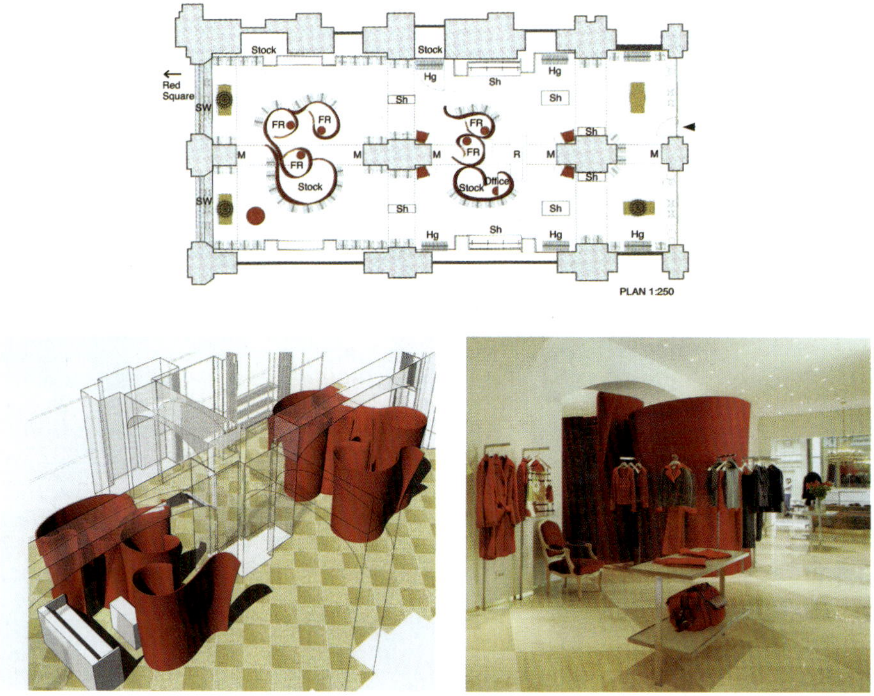

그림 1.3.36 레드의 강한 유기적인 곡선의 벽면은 매장의 전체적인 분위기를 압도하고 있으며, 전면의 디스플레이와 후면의 탈의공간으로 구성되었다.[16)]

그림 1.3.37 복도의 자유곡선의 벽면과 천장의 구조물이 서로 어울려 운동감과 방향감을 느끼게 해준다.[17)]

그림 1.3.38 유기적인 조형물을 연상케 하는 하라주쿠 교회는 곡선의 형태를 그대로 살려 매스감을 표현하였다. 13m의 높은 천장은 웅장함을 더해주며 기존의 사선의 높은 첨탑을 가진 교회건물들과 차별을 두었다. 하라주쿠 교회, Henri Gueydan & Fumico Kaneko, 도쿄, 2006.

그림 1.3.39 미술관으로 가는 길이 매우 자유로운 곡선으로 연결되어 있다. 꾸리띠바 미술관, 오스카 니마이어, 브라질.

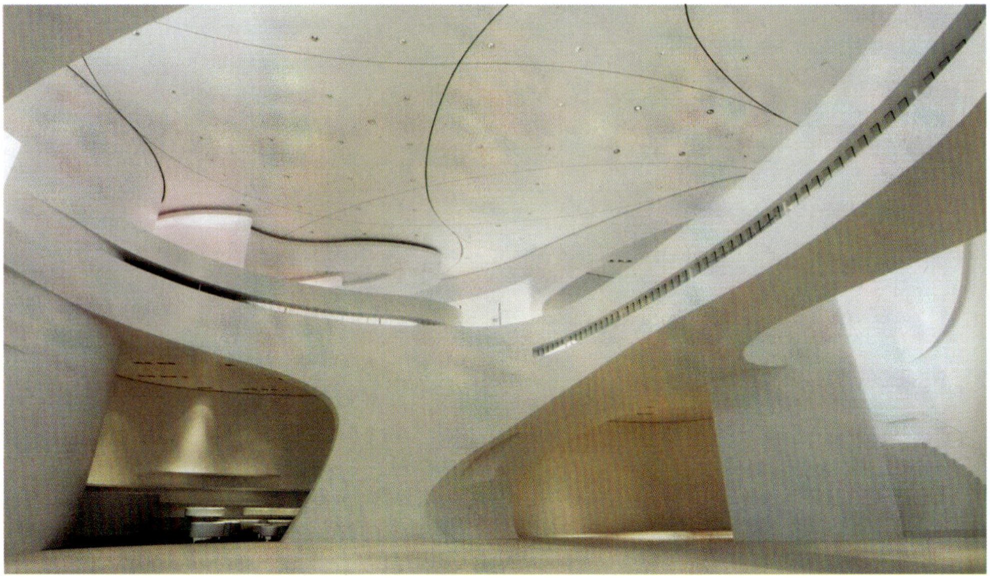

그림 1.3.40 역동적인 자유곡선의 디자인은 실내를 압도하며 강한 조형성을 느낄 수 있다.

그림 1.3.41 유기적인 자유곡선은 실내를 매우 활기차게 해준다. 월트 디즈니 콘서트 홀 카페의 전경, 프랭크 O. 게리, LA, 2003.

■ 필립 존슨(Philip Johnson, 1906-2005)의 건축세계

필립 존슨은 1906년 미국 오하이오주 클리블랜드 출신으로 가정은 매우 부유했으며, 하버드에서 철학전공으로 졸업을 한 후, 미학과 건축역사에 대해 공부를 하였다. 그는 미국의 현대건축의 발전에 중요한 역할을 한 사람으로써 1930년대에 유럽에서 새로 일어나고 있는 현대건축을 미국에 소개하고 선전하는데 큰 역할을 하였다. 특히 그는 건축가, 평론가, 미술수집가이며 예술계의 리더로서 다방면에 영향을 끼친 사람이었다.

그의 첫 작품은 1949년 코네티컷주 뉴캐넌에 그의 집인 유리주택(Glass House)을 지으면서 건축가로서 인정을 받았다. 이 집은 미스 반 데어 로에의 판스워드 주택으로부터 직접적인 영향을 받았으나 그의 우아한 유리 프리즘은 독창적인 작품으로 평가되고 있다. 유리와 철로만 지어진 자연과 어우러진 집으로서 건물에 투과되는 빛을 통해 투명성을 강조하였고, 인간과 자연을 그의 특유한 낭만주의적 표현으로 자연스럽게 연결하였다.

또한 필립 존슨의 업적 중 우리에게 가장 기억되는 작품 중에 하나는 AT&T빌딩일 것이다. AT&T 빌딩(AT & T Corporate Headquarters, New York 1979-1984)은 50층 높이의 고층건물 위에 고전적인 양식의 박공을 아무 기능과 상관없이 건물 위에 올렸다. 기능주의 시대의 모더니즘을 뒤엎은 시대의 새로운 시대의 개념 즉, 포스트모더니즘이 도입된 빌딩이라고 널리 알려진 건축물로서 이것을 계기로 그는 포스트모더니즘의 시초가 되었다. 기존의 개념에 인간의 행태를 분석하여 공간과 시간의 개념에 인간의 관계를 절충시킨 건축의 시도였으며, 건물외관의 특징은 그리스신전에서 보았던 박공(Arch)의 형태가 지붕에 추가되어 마치 과거의 역사화한 양식을 새로운 정황에 맞추어 재등장을 한 것과 같이 모더니즘 시대의 직사각형의 건물들과는 다른 외관을 추구하였다. 이와 같이 그의 건축은 역사에 기반을 두고 작품 활동을 하였으며, 포스트모더니즘 건축을 통해 확인할 수 있다.

필립 존슨은 1979년에 프리츠커상을 수상하였다.

1. AT&T빌딩(1979-1984, 뉴욕)

2. Glass House (1949, 코네티컷)

[참고문헌]

1), 3), 8), 12), 13) 김홍기, 건축조형 디자인론, 기문당, 2001

2) Eric Sueberkrop, Studio–The Master Architect Series Ⅴ, Images, 2002

4) Frame #58, Frame, Sep/Oct, 2007

5) INTERNI, Mondadori, Oct, 2006

6) Interior Design, Cahers, Sep, 2007

7) Frame #49, Frame, Mar/Apr, 2006

9) Alejandro Bahamon, Sketch · Plan · Build, Collins Design, 2005

10) Michael J. Crosbie, Class Architecture, Images, 2001

11) 이소테리아, Interior Planning Document, Prot Galaxy Inc., 1999

14) 게일 그리트 하나, 김선희 역, 디자인의 요소들, 안그라픽스, 2005

15) Architectural Digest, A Conde Nast, May, 2006

16), 17) Gunshiro Matumoto, Spade Vol.3, Rikuyosha, 2005

4. 면

1) 면의 종류와 표현방법

면은 공간을 구성하는 기본요소이며, 공간에서 면은 독립적으로 사용이 가능하나, 깊이는 포함하지 않은 2차원적인 요소이다. 또한 면은 실내의 기본요소인 바닥면, 벽면, 천장면을 포함한 공간을 형성하고 그 안의 형태물들도 모두 면에 의해 만들어진다. 즉, 다양한 모양과 각도, 크기, 넓이 등을 포함한 면들이 공간에서 어떻게 조합되고 연결되는지에 따라 공간의 이미지는 매우 달라질 수 있으며, 이와 같은 면들은 건물의 외형에도 많은 영향을 준다.

공간을 만들고 표현하기 위한 면의 종류는 다양하며, 대표적으로 직선적인 면과 곡선적인 면으로 나타난다. 각각의 면들의 종류는 다음과 같다.

- 평면(수직면, 수평면, 경사면)
- 곡면(기하곡면, 자유곡면)

기하곡면은 다시 선직면과 비선직면, 회전면과 비회전면으로 구분할 수 있다.

평면의 수직면은 세워진 면으로서 긴장감과 확장감을 주며, 평평한 수평면은 안정감을 준다. 경사면은 어느 정도 기울어진 면으로서 실내에서는 강조하거나 동적인 효과를 나타낼 때 사용된다.

정적인 구조체

동적인 구조체

곡면의 기하곡면은 단순한 형태의 곡면으로서 이지적이고 단아한 이미지를 주며, 자유곡면은 자유롭고 유기적인 디자인에 많이 사용되며 대체로 부드럽고 유연한 이미지를 준다. 실내에서 평면과 곡면을 적절히 사용하여 대비시키면 공간의 미적인 효과를 더욱 높일 수 있다.

그림 1.4.1 기하곡면의 회전면이 반복하여 상승하고 있는 형태가 종교건물의 성스러움을 표현함과 동시에 조형성을 추구하고 있다. 사마라 미나레트, 이라크.

?! 알고가기

셸구조(shell structure)

셸구조는 직선이 곡선에 따라 배열되어 여러 가지 형태로 나타나며 형태 저항 구조로써 외력에 크게 저항하는 구조이며 곡면판이 지니는 역학적 성질을 이용하여 큰 대형공간을 덮는 지붕의 형태로써 철근콘크리트 구조와 곡면판상 입체트러스구조로 하는 경우가 많다.

기하곡면의 선직면인 셸구조(shell structure)의 종류와 모양은 아래와 같다.

- 긴원통형의 장원통 셸(long barrel shell)은 수직 하중의 부담을 덜기 위해 평평한 면의 보강재(stiffer)를 사용한다.
- 단원통 셸(short barrel shell)은 아치형의 양쪽 끝부분이 벌어지지 않도록 보(tie)로서 연결을 하거나 땅 속에 고정시킨다.
- 상향포물선과 하향포물선이 서로 직교하여 이루어진 곡면형태의 HP 셸(hyperbolic paraboloid shell)의 경우 쌍곡 포물선 곡면셸이라고 한다.
- 돔(dome)은 구조물 중에서 가장 안정되고 단단한 구조물의 형태이다.
- 원뿔형 셸(conical shell)은 원뿔형태 또는 원뿔곡면을 이용한 구조물이다.
- 막구조(membranes)는 얇은 막을 쳐서 지붕을 구성하는 방법으로 인장력에 의존하여 형성된다.

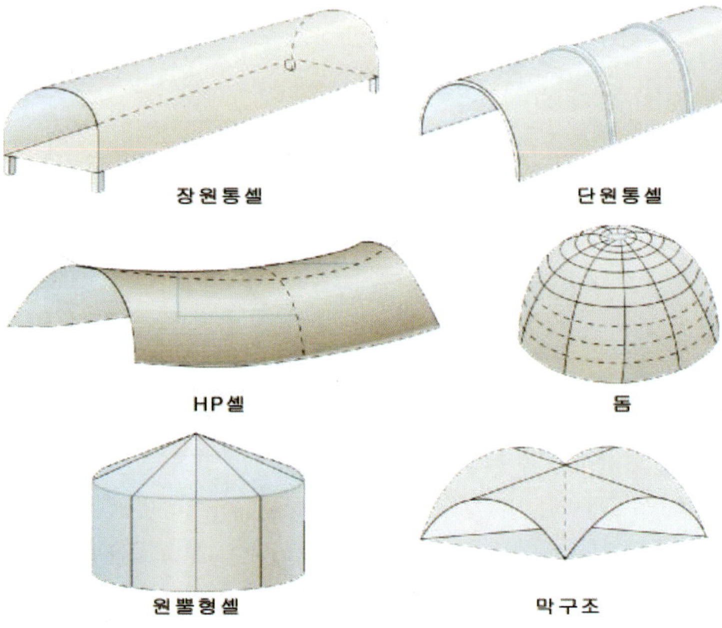

그림 1.4.2 다양한 셸구조의 종류

그림 1.4.3 오페라 하우스는 거대한 요트가 돛을 휘날리고 있는 듯한 기하곡면의 쉘구조에 의해 세워진 대담한 디자인으로 널리 알려져 있다. 오페라하우스, 요른 웃존, 시드니, 1973.

또한 선직면의 여러 가지 곡면을 조합하면 다양한 모양의 셸지붕과 매우 동적인 공간을 구성할 수 있다.

이차곡면은 좌표계를 적당히 평행 이동시키거나 회전 이동시켜 형성된 곡면들을 말한다.

그림 1.4.4 건물 전체가 움직이는 듯한 이미지의 자유곡면이 과감하게 사용되어 강한 인상을 주고 있다. 신국립미술관, 안도 다다오, 도쿄, 2007.

2) 면의 방향

각 면을 조합하는 구조 안에서 첫째로 고려해야 할 구조적 특성은 각 요소의 중심축이 표현하는 방향이다. 아래 그림은 세 개의 직사각형 면들이 조합되어 수직, 수평, 그리고 깊이로 연장되고 있는 것을 알 수 있다.

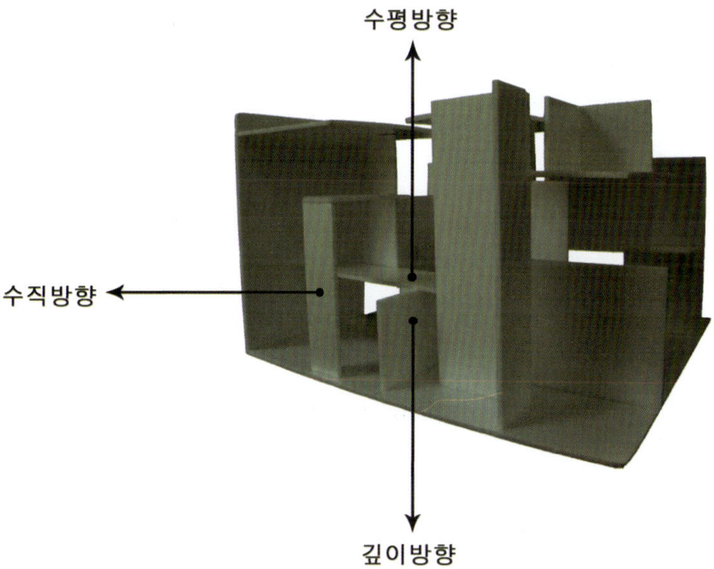

그림 1.4.5 정적인 구조 속의 면의 방향

그림 1.4.6 모던한 디자인의 조명기기로서 여러 개의 정사각형의 면들이 수직, 수평, 깊이의 다양한 축의 방향에 의해 조합되었다.

그림 1.4.7 구조체에 철판을 사용하여 면과 보강재가 천장, 벽, 바닥의 3요소를 동일한 가치 요소로 취급하여 각 부위의 의미를 부여하였다.[1]
츠다쥬이카, 오사카

그림 1.4.8 외벽을 면재와 선재의 색 구분으로 흥미를 주어 구성되었다.

■ 안도 다다오(Ando Dadao, 1941-)의 건축세계

1941년 일본 오사카 출신으로 일본을 대표하는 건축가이다. 그는 1962년부터 1969까지 세계 각지를 여행하면서 독학으로 건축을 배웠으며, 르 코르뷔지에의 건축에 흥미를 느껴 건축을 공부하게 되었고 영향을 받았기 때문에 그의 작품과 유사한 면을 보이고 있다.

1969년 안도 다다오 건축연구소를 설립해 '스미요시의 연립주택' (오사카)으로 일본 건축학회상을 시작으로 하여 1980년대 이후에는 미술관, 공공건물, 교회나 절을 많이 지었으며 세계적으로 명성을 얻었다.

안도 다다오의 건축적인 특징은 자연과의 조화이다. 그것은 Geometry(기하학), Nature(자연과 건축의 조화: 물, 나무를 이용한 연못과 마당, 그리고 유리를 통한 빛), Substance(지속적인 탐구정신: 콘크리트와 유리 사용)이다. 즉, 인위적인 자연의 소재들을 이용한 것과 진솔한 건축 재료인 콘크리트의 조화를 꾸준히 연구하고 사용한 것이 건축의 특징으로 뚜렷하게 구분되고 있다. 물 속의 '물'이 얕고 조용하며 잔잔함을 건축물과 매우 인접하여 하나로써 인식되게 하였고, 편안함과 경건함을 주었다. 물뿐만 아니라 빛과의 조화 역시 매우 중요한 자연 요소 중에 하나로 인식하여 자연적인 빛을 이용해 어둠과 밝음을 극대화 시키고 공간을 강조하였다. 또한 투명한 소재인 유리와 노출 콘크리트를 많이 사용함으로서 간결하고 단순하지만 차갑지 않은 느낌을 받게 하고, 자연이 더 가까이 다가갈 수 있게 하였다.

1. 물의 교회, 호카이도, 1988

2. 빛의 교회, 오사카, 1989

3. 히메지 시립 문학관, 효고, 1991

4. 물의 절, 효고, 1991

[참고문헌]

1) 일본건축학회 편, 한영호 · 박소영 공역, 공간디자인 이해, 기문당, 2007

5. 질감

질감은 촉각적이고 시각적이다.

나무와 돌과 같이 자연의 소재들은 만져보지 않아도 고유의 무늬나 결을 통해 질감을 느낄 수 가 있다. 반면 손으로 직접 만들거나 기계를 이용하여 제작된 직물류와 카펫트의 경우는 직접 손으로 만져보고 느낌으로써 쉽게 구별할 수 있으며, 눈으로 보아서 그 차이를 구별할 수 없지만 감촉을 통한 시각적 질감으로 인해 구분할 수 있다.

이러한 시각적 질감은 빛을 통하여 더욱더 드러나게 되며, 대비를 주는 질감으로 부분적으로 사용되어 강조를 하기도 한다. 거친 소재에서 부드러운 소재로, 불투명한 소재에서 투명한 소재로, 반사되지 않는 표면에서 반사되는 표면 등과 같이 각 소재들이 가지고 있는 질감을 잘 고려하여 계획한다.

또한 질감은 겉으로 드러난 모든 형태의 표면적인 특성으로서 자연의 소재를 그대로 사용하는 경우와 인공적으로 가공된 질감의 소재를 사용하는 경우가 있다. 자연소재는 따뜻함과 친근감이 있으며, 인공소재는 형식에 묶여 있지 않은 자유로움을 느낄 수 있다.

공간에 사용된 다양한 질감의 소재들은 색들과 연관성이 있다. 즉, 질감은 단독적으로 사용되기 보다는 색과 조화를 이루어 공간의 컨셉을 결정하는 요소이기도 하다. 특히 직물, 금속, 돌, 나무, 유리, 그리고 플라스틱 등과 같은 다양한 소재들의 질감을 사용할 때는 반드시 표면에 드러난 특성을 고려하여 배합해야 할 것이다.

결국, 질감은 빛과 색을 통하여 드러난 표면의 특성에 의해 디자인 컨셉을 결정하도록 도와주고 꾸며주는 역할을 한다.

그림 1.5.1 유리, 금속 등의 인공적인 소재들로 마감된 의류매장으로서 매우 투명하고 신비로운 이미지의 실내와 직물이 잘 어울리고 있다.

그림 1.5.2 유리타일, 색유리, 무늬유리 등과 같은 다양한 패턴과 질감의 유리들과 금속 마감재들이 부드러운 직물류와 어울려 세련된 이미지로 계획되고 있다.

그림 1.5.3 자연적인 질감의 석재벽면과 벽속의 조명이 잘 조화되어 따뜻하고 친근감 있게 표현되고 있다.

그림 1.5.4 밝은 백색의 색상과 자연 질감의 소재가 사용되어 실내가 풍성하고 깔끔하다.

그림 1.5.5 중간톤의 네츄럴한 색상들과 부드러운 질감의 소재들이 잘 어울려 따뜻한 실내를 구성하고 있다.[1)]

그림 1.5.6 어두운 톤의 색상들과 단단하고 매끄러운 질감의 소재들로 구성되었으며, 고급스럽고 중후한 분위기의 공간이다.[2)]

이와 같은 소재들은 실내의 여러 가지 구성요소, 즉, 마감재, 가구, 커튼 등에서 찾아볼 수 있으며, 시각적인 측면에서의 질감은 실내의 중요한 디자인 요소로서 디자인 목적과 재료, 형태, 공간, 색상에 맞게 적용시켜야 한다. 또한 평면적인 시각이 빛의 명암효과에 의해 입체적으로 보여 질 때 더욱 더 강한 질감의 효과를 느낄 수 있다. 결국 실내로 들어오는 빛은 실내를 부드러운 공간으로 만들어 주며, 형태와 질감을 더욱더 풍성하게 느낄 수 있도록 도와주는 역할을 한다.

특히 각 마감재들의 다양한 질감과 색에서 드러나는 효과는 실내디자인의 전체적인 분위기를 좌우하는 중요한 부분으로서 신중하게 선택되어야 할 것이다.

목재는 나무 자체가 주는 온화함과 자연적 질감을 느낄 수 있어 오래 전부터 많이 쓰이는 재료이다. 순수한 원목과 합판, 그리고 집성목 위에 얇게 코팅한 제품 및 콜크류가 있다. 근래 가장 많이 사용되고 있는 합판마루는 쪽마루 타입의 우드플로링이라고도 부르며 길이 방향을 이용하면 직선적인 효과로 인해 공간이 길어 보이고 넓어 보인다.

그림 1.5.7 | 쪽마루 타입의 wood flooring은 네츄럴하고 따뜻한 공간을 위한 마감재로 가장 많이 사용 된다.

석재는 목재보다 더 단단하고 차가운 느낌을 주지만 고급스럽고 중후한 분위기를 연출하기 위한 재료 중 하나이다. 특히 표면이 매끈한 석재는 화려한 느낌을 주며 그대로 사용하면 소박한 자연미와 따뜻함을 느끼게 한다. 대표적으로 사용되는 재료들은 테라조, 벽돌, 세라믹타일, 대리석, 슬레이트, 모자이크타일류 등이 있다.

그림 1.5.8 단단한 바닥 마감재의 대표적인 재료들로써 좌측 상단으로부터 테라조, 벽돌, 세라믹타일, 대리석, 슬레이트, 모자이크타일의 사례이다.[3]

유리타일, 색유리, 무늬유리 등과 같은 다양한 질감의 유리들과 금속류는 다양한 패턴과 질감을 가진 인공적인 재료들은 공간을 매우 투명하고 신비롭게 변화시킬 수 있다.

타일은 유지관리가 간편하고 청결한 느낌을 준다. 예전과 다르게 다양한 색상과 무늬, 다양한 공법에 의해 개발된 독특한 디자인으로 여러 곳에 사용된다. 자기질타일과 석기질타일로 나뉘며 주로 바닥재는 다른 타일보다 두껍고 강도가 강하다.

합성수지는 현재 실내 내장재료로는 가장 일반적으로 보편화 되어 있으며, 바닥재의 경우, 보행 시 부드러운 느낌을 주고 소음이 적으며 시공도 간편하다. 모양도 타일형에서 롤형까지 다양하며, 가장 많이 사용되는 바닥재는 P타일, 리놀륨 등이 있다.

플라스틱은 실내의 내부구조나 가구 설비에 적용되며, 플라스틱으로 만든 가구는 가볍고 견고하며 유지 관리도 간편하다. 무엇보다도 신기술에 의해 개발된 미래형 재료로서 다양한 디자인을 접할 수 있다.

벽지는 색, 무늬, 질감이 다양하기 때문에 실내의 분위기를 좌우하는 중요한 역할을 한다. 특히 전체 벽면을 채운다기보다는 부분적으로 강조하고자 하는 벽지를 선택하여 이용함으로서 공간의 활력을 줄 수 있으며, 쉽게 더러워짐을 방지하기 위해 벽에 사용되는 벽지는 주로 실크벽지, 즉 벽지에 비닐코팅 처리가 된 벽지를 이용하는 것을 권장한다.

카펫은 짜임새에 따라 루프파일과 컷파일로 구분하는데 루프파일은 대부분 롤카펫에 많이 적용되며, 컷파일은 카펫타일에 많이 사용된다. 롤카펫의 경우는 전체적인 실내의 이미지에 맞는 색상과 패턴을 적용하여 공간의 특성을 부각시킬 수도 있다.

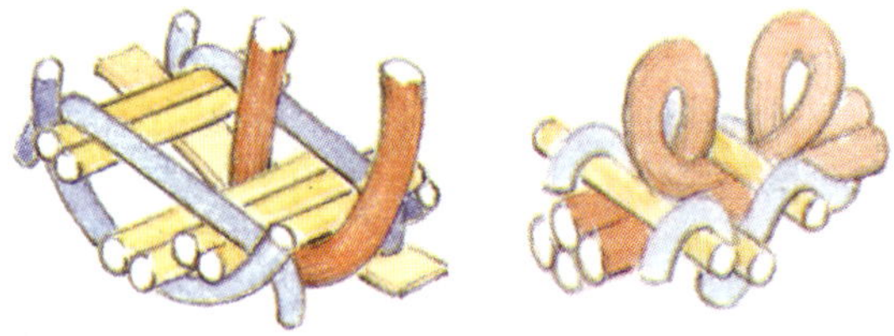

그림 1.5.9 Cut-pile(좌측)방식과 Loop-pile(우측)의 서로 다른 직조방법의 사례로써 Cut-pile의 방식은 주로 호텔 로비에 많이 사용된다. 또한 Loop-pile의 방식은 Cut-Pile보다는 표면의 마모성이 우수하기 때문에 많이 사용되고 있다.[4]

그림 1.5.10 Cut-pile과 Loop-pile의 방식이 혼합된 경우(좌측)와 Loop-pile(우측)만으로 된 카펫의 사례이다.[5]

대표적인 각 마감재별 종류를 정리해 보면 다음과 같다.

표 1.5.1 | 마감재의 종류

마 감 재	분 류	
유리	판유리	일반유리, 복층유리, 강화유리, 거울, 색유리, 에칭유리
	성형유리	스테인드글라스, 유리, 유리블록, 유리타일
금속	알루미늄, 크롬, 스테인레스스틸, 구리, 철, 은	
목재	솔리드우드, 무늬목, 콜크류	
석재	고정형태	대리석, 벽돌, 콘크리트 블록
	유동형태	콘크리트, 회반죽, 치장벽토(스터코)
타일	자기질타일	바닥용 타일, 모자이크타일
	석기질타일	외장타일
	도기질타일	내장타일
합성수지	비닐시트, 리놀륨	
카펫	롤카펫, 카펫타일, 러그류	
플라스틱	아크릴, FRP, 멜라민, 나일론, 폴리에틸렌, 우레탄, 비닐	
벽지	종이벽지, 비닐벽지, 직물벽지, 갈포벽지, 실크벽지	

그림 1.5.11 호텔 로비의 전경. 전체적인 실내의 이미지에 맞는 마감재를 선택하여 조합해 봄으로써 공간의 이미지를 명확하게 표현할 수 있다. 때로는 카펫의 색상과 패턴을 제작하여 공간의 특성을 부각시킬 수 있다.[6)]

■ 루이스 칸(Louis Kahn 1901-1974)의 건축세계

"건물이란 그 안에 거주하는 사람들을 위한 것이 되어야 하며, 그 사람의 삶의 질을 높여 주며, 편안하게 해주어야 한다."

에스토니아 출신의 유대인으로서 그는 5세에 미국으로 이주하여 필라델피아에 정착하였으나, 빈곤과 차별 속에서 어려운 소년기를 보내야 했다. 어린 시절 불의의 사고로 얼굴과 손에 크게 화상을 입은 그는 내성적이었으나, 모친의 사랑과 격려로 마음의 상처를 극복할 수 있었고, 내면적인 사고의 깊이를 더하는 계기가 되었다.

1920년 그는 당시 미국의 유수한 펜실베니아대학교 건축학과에 입학하였고, 졸업 후 필라델피아시의 건축과에서 건축가로서 경력을 시작하였고, 1948년에는 예일대학의 교수로 초빙되어 1957년까지 재직하였다.

그는 53세의 늦은 나이로 건축가로서 세상에 알려졌다, 더 높게 더 크게, 화려한 디자인의 모더니즘이 유행할 때 그는 무엇을 했을까? 단어도 없이 시를 쓰려고 하는 시인처럼 건축의 본질에 대한 물음 없이 오로지 기계화에만 관심을 기울이는 당시 건축가의 태도를 비판하였다. 그래서 그는 그동안 돈 안 되는 공공건물 프로젝트에 몰두했던 것, 한결같은 그의 대답은 "공부하고 있었소!"였다. 건축이 가져야 할 덕목에 대하여 그는 30년 동안 공부를 했던 것이다. 그것을 통해 알아내 것은 '본질'이었다. 그리고 사회의 본질인 '사람'과의 관계를 결정지었다.

건물의 형태를 결정지은 것은 기술과 기능, 디자인을 자랑하려는 목적이 아닌 그 건물을 통해 무엇을 얻고 싶은가하는 사람들의 마음, 누군가 확정할 수도 규정할 수도 없는 다양한 인간의 바람. 그 바람을 위해 존재하는 '공간'을 만들기 시작한 나이가 53세였다. 시간이 흘러도 변하지 않을 본질을 위하여 그는 꾸준히 노력했던 것이다.[7]

1. National Assembly Building of Bangladesh(방글라데시아 국회의사당, 1962~83)

사람들이 직접 손으로 쌓아 올린 벽돌로 지어진 건물로서 무려 완공되기까지 23년이나 걸렸다. 물이 귀한 땅에 사는 방글라데시아인들을 위해 그는 인공호수와 넓은 광장을 만들어 운동과 물놀이, 그리고 산책을 즐길 수 있는 건물과 어우러진 삶을 보낼 수 있도록 계획하였다. 그곳에 모이고, 그곳에 머물며, 그곳에서 소통하는 가난한 사람들에게 그는 아무것도 없었던 그곳에 민주주의적인 건물을 지어준 것이다. 결국, 이 지역의 기후조건, 종교의식, 생활양식 등의 요인을 훌륭하게 소화시킨 작품이었다.

2. Library of Phillips Exeter Academy(필립 액서터 아카데미 도서관, 뉴 햄프셔, 1965~72)

반공호 같은 건물의 이곳은 따로 정문이 없다. 어디에서나 들어갈 수 있도록 모든 벽에 입구를 만들었다. 또한 동심원을 이룬 2개의 도넛형태로 공간구성이 되어있다. 천창에 의해 채광되는 내부 중앙의 아트리움 공간은 현관 및 로비로, 노출 콘크리트 구조로 된 내부 도넛은 직사광선을 피해야 하는 서고 공간으로, 벽돌 구조로 된 외부 도넛은 자연채광을 필요로 하는 열람실을 배치하였다.

3. KImbell Art Museum(킴벨 미술관, 텍사스, 1966~72)

구조, 공간, 빛이 완전히 일체를 이루고 있는 훌륭한 작품으로 평가되고 있는 건물이다. 지름 6m, 길이 30m의 박판 콘크리트로 된 반원통형 볼트 구조의 기본단위로 하여 전체 건물의 길이 90m, 폭은 볼트 6열을 배치하여 공간을 구성하였다. 사람들은 처음 이 건물을 보고 축사모양의 미술관이라고 칭하였다. 그러나 이곳의 실내에는 비밀이 있다. 자연스럽게 빛이 들어올 수 있도록 만든 건물 상층부를 통해 쏟아져 내리는 자연광으로 인해 빛 속에서 하나가 되는 미술품과 사람들이 있는 미술관이다. 볼트의 길이 방향 접속부의 채광, 중정을 통한 빛의 질적 변화의 효과 등과 더불어 상부를 통해 유입된 빛이 반사판과 볼트면에 2차, 3차로 반사, 확산되어 연출하는 빛의 효과로 인해 빛의 마술적 특성이 가장 잘 이용된 작품으로 평가되고 있다.

4. Salk Institute Lab.(솔크 인스티튜트, 캘리포니아, 1959~65)

형태를 좀 더 발전시켜 디자인으로 구현한 건물이다. 중정을 사이에 두고 거의 대칭인 2개의 건물로 구성하고 있으며, 개인연구, 휴식, 담화 등의 기능을 수행하는 서재공간과 사

무공간도 주 공간인 연구실험공간의 주변에 배치하여 공간의 기능적 구성을 추구하였다.

[참고문헌]

1), 2) Chris Grimley & Mimi Love, Color, Space, and Style, Rockport, 2007

3), 4), 5) Terence Conran, The Essential House, Crown New York, 1994

6) 이소테리아, Interior Planning Document, Prot Galaxy Inc., 1999

7) 지식채널e (루이스 칸), EBS, 10, 2007

6. 색

인간에게 쾌적하고 바람직한 환경을 제공하기 위해 실내에 사용되는 모든 색들은 서로 조화롭게 배합되어 새로운 공간으로 만들어진다. 색은 제각기 특별한 중요성을 지니고 있으며, 인간의 심리적 반응에 중요한 역할을 하는 구성 요소이다.

다양한 공간에서 느끼는 색에 대한 사람들의 지각은 주변의 환경에 의해 많은 영향을 받는다. 즉, 실내에 적용되는 각 요소들마다의 면적, 질감, 색의 정도, 크기, 조명의 방법 등과 같이 다양한 연출 방법 및 각각의 요소들마다의 특징에 의해 좌우된다.

1) 색의 기원

색은 어떻게 생기게 되었을까? 포괄적인 의미에서의 우리가 말하는 색(Color)은 빛을 의미한다. 어떠한 물체에 비춰지는 빛이 흡수하는 것과 반사하는 정도에 따라 여러 가지 색을 띄게 된다. 따라서 물체의 색은 하나로 정해져 있는 것이 아니라 상황에 따라 무수히 많은 색을 지니게 된다. 즉, 빛을 발하는 광원과 빛의 반사 대상이 있음으로써 색은 존재한다.

색은 물리적인 현상으로 정의할 수 있으며, 공간구성 요소에서 색채는 형태의 효과를 높이는 중요한 역할을 하며, 공간의 조형효과를 한층 높일 수 있다.

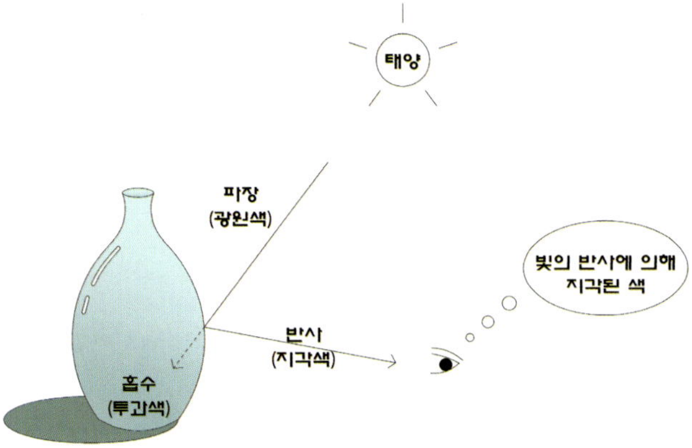

그림 1.6.1 파란도자기는 빛을 발하는 광원색과 빛의 반사 대상인 도자기가 있음으로써 색을 지각하게 된다.

최초로 색의 기원을 연구한 사람은 뉴튼경(Sir Issac Newton)이었고 그에 이어 먼셀(H. Munsell)과 오스왈트(W. Ostwald)의 색상환이 있다. 뉴튼은 색이 프리즘을 통해서 스펙트럼이라고 하는 여러 가지 색으로 분해한다고 밝혔고, 이러한 빛들을 모두 결합하면 다시 백색광이 된다고 하였다. 다시 말해 백색광은 red, orange, yellow, green, blue, indigo, violet의 7가지의 색으로 구성되었다고 하였다.

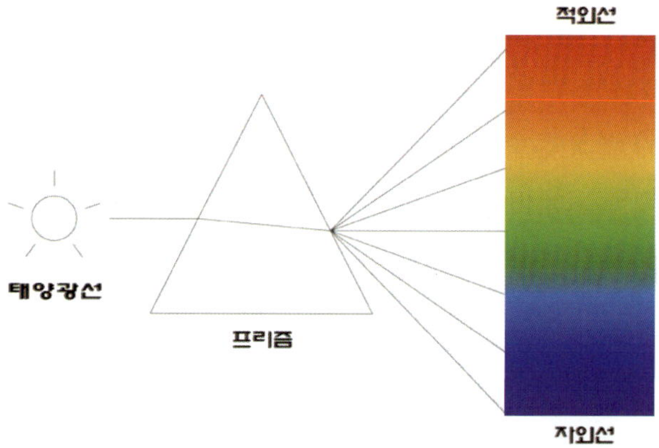

그림 1.6.2 지각되는 색들, 프리즘의 한쪽 면을 통과한 후 나온 굴절된 백색광선, 우리가 식별할 수 있는 색을 가시 스펙트럼이라고 한다. 위의 그림에서와 같이 적외선과 자외선 사이의 색들이다. 따라서 빨강색과 보라색 다음의 가시광선을 벗어난 나머지 영역의 주파수는 육안으로 볼 수 없는 파장으로 되어 있다. [1]

?! 알고가기

가산혼합(Additive Color)과 감산혼합(Subtractive Color)

가산혼합은 빛의 삼원색이라고도 한다. 각각의 빛을 겹치면 원래의 색보다 더 엷어지는 색으로 만들어 지며, 흰색광선이 만드는 3가지는 Red(빨강), Blue(파랑), Green(녹색)이다. 이들 색들은 서로 혼합되어 다른 색을 만들 수는 있지만, 이들 고유의 색은 만들 수 없다. 왜냐하면 이들 색들은 모두 원색이기 때문이다. 3원색을 혼합하면 각각 노랑(Yellow), 남색(Cyan), 보라

(Magenta)색의 혼합색상이 만들어 지고, 이들 3원색을 모두 혼합하면 백색이 된다.

그림 1.6.3 가산혼합(빛의 3원색), 3원색을 모두 혼합하면 흰색이 된다.

감산혼합은 색의 삼원색이라고도 하며, 이들 색들을 혼합하였을 때 만들 수 있는 색들은 무궁무진하다. 그러나 색들을 섞으면 섞을수록 점점 더 어두워지는 것을 알 수 있다. 일반적으로 CMY(Cyan, Magenta, Yellow)의 색들과 RYB(Red, Yellow, Blue) 혼합의 예를 들 수 있다. 이들의 3색을 혼합하면 결국은 회색과 같이 탁하고 어두운 색으로 만들어 진다.

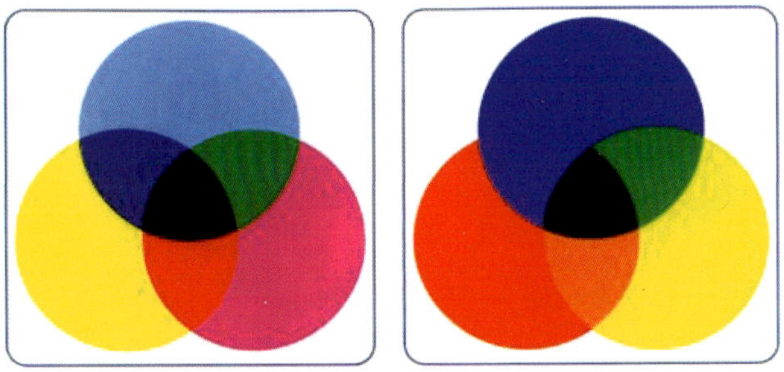

그림 1.6.4 감산혼합(색의 삼원색), 3원색을 모두 혼합하면 회색이 된다.

먼셀의 색입체

먼셀은 무한한 색들을 쉽게 이해토록 체계화 시켜 놓은 색상환(color wheel)을 완성하여 색상(Hue), 명도(Value), 채도(Chroma)의 3가지 속성으로 분류하였다. HV/C의 형식에 맞춰 번호를 기입하여 표시한다. 빨강(R), 노랑(Y), 녹색(G), 파랑(B), 보라(P)색의 6가지 색을 기본색으로 하고 각각의 색들을 혼합하여 나온 주황(YR), 연두(GY), 청록(BG), 청색(BP), 적자주(RP)의 4

가지 중간색을 더하여 색상환을 10으로 나누었다. 여기에 다시 색들을 각각 혼합하면 또 다른 10가지의 색들을 만들 수 있다.

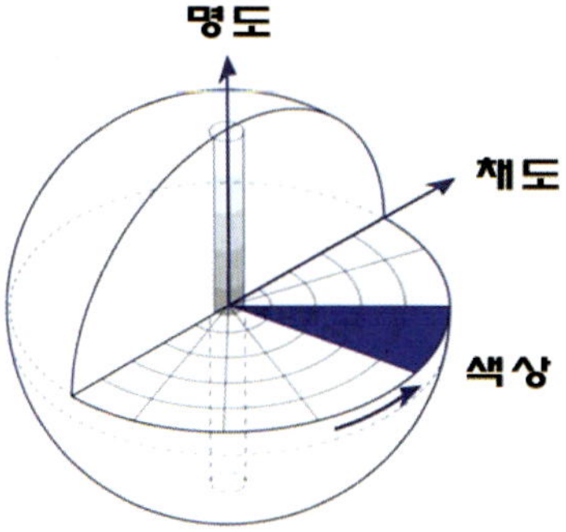

그림 1.6.5 먼셀의 색입체, 보이는 방향으로부터 상하의 중심축은 명도의 단계를 나타내며, 중심축으로부터 뻗어 나오는 단계는 채도를, 그리고 각 색상들은 원의 가장 가장자리에 위치하고 있다. 이것을 기호로 예를 들면 R 5/10으로써 Red 색상에 명도는 5, 채도는 10을 뜻한다. [2)]

2) 색의 조합

색은 실내공간의 한정성을 극복하고 다양한 디자인을 전개할 수 있는 매우 중요한 요소이자 방법이다. 또한 한 가지 색으로는 나타낼 수 없는 효과를 두 가지 색 이상의 조합에 의해 만들어 냄으로써 더욱더 쾌적한 공간으로 만들 수 있다.

실내에서 가장 넓은 면적을 차지하는 주조색상은 주로 전체의 실내를 안정적이고 편안하게 해주는 색이므로 차분하면서도 밝은 색들로 구성된다. 반면 보조색상은 주조색과 구별이 뚜렷하며 강조를 해야 함으로 반대되는 색이나 강한 색들로 구성된다. 단, 보조색들의 수는 제한하여 계획을 한다.

이와 같이 실내를 주조색과 보조색으로 구분하면 적극적인 형태와 보조적인 형태물들 간의 구별이 뚜렷하여 공간을 나누고 결합시키는 과정에서도 도움이 된다. 즉, 색의 조합은 추상적인 개념의 이론이 아니라 실제 배색 체험을 중요시하며 나아가 색의 삼속성과 기능, 감정을 이해하기 위하여 색채를 분별해서 구성하고 조합하는 능력 등의 경험이 필요하다.

그림 1.6.6 전체적인 주조색은 연두색상이며 보조색상들은 빨간색과 노란색, 그리고 파란색이 사용되어 매우 경쾌하고 이국적인 분위기를 느낄 수 있다.[3]

그림 1.6.7 강한 원색의 강조색상들은 공간의 활력을 주며 강조를 한다. 회색계열의 주조색상에 원색의 보조색상들은 각 공간들의 핵심이 되고 있다.[4]

? ! 알고가기

색의 온도(Color Temperature)

색들은 나름대로 온도를 가지고 있다. 대부분 따뜻하고 밝은색 계열이 주조색으로 많이 사용되며 차가운 색들과 강한 원색의 색들은 보조색상으로 많이 사용된다. 아래의 색들은 난색계열과 한색계열의 사례이다.

그림 1.6.8 reds, oranges, yellows의 계열은 따뜻한 색상이며, blues, greens, whites, grays의 계열은 차가운 색상으로 여겨진다. [5]

그림 1.6.9 블루, 화이트, 그레이 색상과 같은 한색계열을 사용하여 계획하였으며, 전체적으로 시원하고 쾌적한 이미지를 느낄 수 있다.[6]

(1) 단색 조화

한 가지 색상에 의한 조화로는 보기 어려우며 명도, 채도의 변화에 의해 조화가 결정된다. 따라서 시각적으로 강조되거나 어느 한 색상에 좌우되기 보다는 대체적으로 안정감을 준다. 다만 한 색상의 분위기가 자칫 너무 단조롭거나 부자연스러운 느낌을 줄 수도 있다. 따라서 다양한 마감의 소재를 선택하여 사용해야 할 것이다.

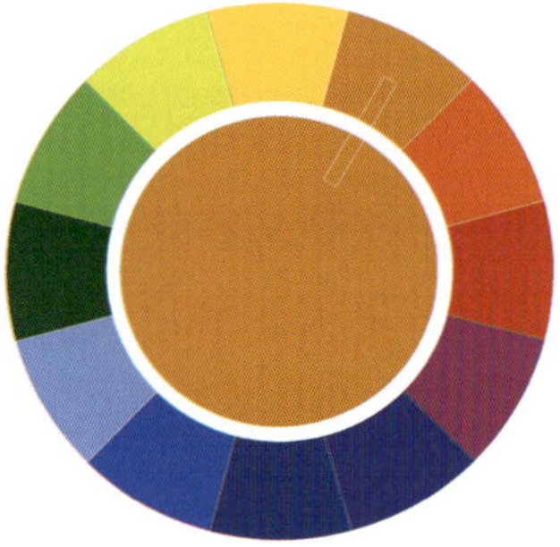

그림 1.6.10 단색 조화

(2) 유사색 조화

동색 조화라고도 하는데 색환에서 인접한 색상의 조화를 말한다. 전체적으로 통일감을

그림 1.6.11 유사색 조화

주는 경우에 적당하며 다양하고 흥미롭다. 예를 들면 빨강에서 보라까지 색상이 포함될 수 있다.

(3) 보색 조화

보색의 조화는 색환에서 서로 반대의 위치에 있는 색들의 조화를 말한다. 대비에 기본하는 것으로 매우 화려하며 활기차고 자극적이다. 예를 들어 red와 green, orange와 blue, yellow와 violet의 조화는 매우 강한 대비를 주는 조화이며, 보색의 대표적인 색상들이다.

그림 1.6.12 보색 조화

(4) 3색 조화

3색 조화는 색환에서 간격이 일정한 세 가지 색들의 조화를 뜻하며, 1차색의 기본 3색, 즉 red, yellow, blue의 결합은 기본적 느낌을 주며, orange, green, violet의 3색 결합은 훨씬 흥미를 더 해 준다.

그림 1.6.13 3색 조화

(5) 3색 또는 4색 이중 분할보색 조화

색환에서 서로 상반되는 위치에 있는 3색 또는 4색의 조화를 뜻하지만, 색의 계열은 크게 2개의 반대되는 계열의 조화이다. 즉, 3색 이중 분할보색 조화는 한 가지 지정색상과 그 보색과 인접한 색상의 조화를 말하며, 4색 이중 분할보색은 두 가지 지정색상과 그 보색과 인접한 색상의 조화를 말한다. 예를 들어 빨강과 파랑, 녹색의 조화는 3색 이중 분할 보색이며, 빨강, 보라와 파랑, 녹색의 조화는 4색 이중 분할보색이 될 수 있다.

그림 1.6.14 3색 또는 4색 이중 분할보색 조화

(6) 무색 조화

무색 조화는 모던한 색으로써 세련되고 도시적인 느낌을 주는 색상들의 조화이다. 무색은 채색이 없고, 명암의 단계만 존재하기 때문에 상쾌하고 깨끗한 이미지의 흰색과 차분하면서도 도회적인 회색계열, 강한 이미지의 검정의 단계로 구분된다.

그림 1.6.15 화이트의 바닥, 벽과 천장이 블랙의 소파와 대리석 벽면과 서로 대조를 이루어 조화를 이루고 있다.

3) 색 이미지별 공간 분류

색은 실내의 분위기를 좌우한다. 색을 보면서 느끼는 감정과 이미지는 여러 가지로 분류할 수 있다. 색이 다양한 만큼 실내의 컨셉도 다양하게 분류 되는데, 그에 따른 각 컨셉별 실내이미지를 아래와 같이 구분해 보았다.

(1) 밝은 이미지(Luminescent)[7)]

밝은 분위기의 실내는 온화하고 빛난다. 과다한 빛으로 인해 눈에 반사되거나 피로함을 주지 않는 은은한 이미지로써 밝은 노란색 계열의 실내이다. 색상환 중에 제일 밝은 색인 노랑 계열과 백색의 조화이다. 노란색 계열과 함께 yellow-orange색과 orange색은 잘 어울리며, 짙은 노란색과 에머럴드색과 남색을 부분적으로 사용하면 조화롭다.

밝은 이미지에 어울리는 소품 및 액세서리류

- 프랑스 전통 가구들과 소품들
- 금테의 거울들과 액자 프레임들
- 짙은 색의 나무나 금속으로 만든 책상들과 철사로 만든 소품들
- 타피스트리(벽걸이 융단)
- 기타 유리, 거울, 금속의 소품들

그림 1.6.16 밝은 노란색 계열과 백색의 조화가 이루어진 실내로써 풍성한 드레퍼리와 늘어뜨린 테이블 커버가 한층 풍성함을 더해주고 있다.

(2) 편안한 이미지(Natural)[8)]

실내가 자연의 재료로 사용되었다면 아마도 편안함을 느낄 것이다. 편안한 공간들은 대부분 튀지 않는 차분한 색들을 사용한다. 이러한 색들에는 적갈색, 황금색 또는 밝은 크림색과 밝은 베이지색 등과 같이 따뜻한 색계열로써 평온한 분위기를 만든다. Natural한 이미지는 아마도 실내이미지를 표현할 때 가장 기본이 되기도 한다. 캔버스가 화가들에게 반드시 필요하듯이 편안한 이미지의 실내에는 크림색의 벽과 나무 바닥이 필수일 것이다.

편안한 이미지에 어울리는 소품 및 액세서리류

- 캔버스 천으로 만든 로만쉐이드를 사용하거나 대나무 블라인드
- 트레이 안의 큰 초와 주위의 조개 껍질들
- 갈대나 밀을 묶어서 넣은 항아리나 화병
- 직접 만든 직물들, 자연 바닥재들, 빳빳한 면 소재와 같은 종류들
- 그을린 구리와 금과 같은 소재들
- 좀 더 어두운 색의 몰딩과 창틀 그리고 문틀

그림 1.6.17 전체적인 실내는 원목과 밝은 크림색을 사용하여 따뜻하고 편안한 느낌의 실내로 계획하였고, 간결하면서도 소박한 가구들이 잘 어울리고 있다.

(3) 고급스러운 이미지(Luxurious)[9]

호화롭고 풍부한 분위기로써 화려한 소품들을 주위에 배치한다면 더욱더 고급스러운 공간으로 연출할 수 있을 것이다. 보라색과 같은 화려한 색과 자주색 또는 푸른빛의 선명한 보라색을 조합해보며 violet색들과 어울릴 수 있는 구리, 청동, 그리고 금과 같은 금속의 색들을 사용한다. 또한 편안함을 느끼기 위해 은회색과 엷은 라일락색을 사용한다.

고급스러운 이미지에 어울리는 소품 및 액세서리류

- violet색과 선황색, 진한 자주색, 그리고 청록색이 혼합된 타피스트리
- 강렬한 파란색과 차분한 옥색 계열과 혼합
- 유광의 어두운 색의 나무들
- 곡선을 이루는 가구들, 체이스 라운지 체어, 코너 체어, 그리고 그 외의 전통적인 가구들
- 빅토리안 스타일의 세티(등받이가 있는 긴의자), 또는 체스트(장)
- 끈이나 플리트로 모으거나 뭉치거나 늘어뜨려 놓은 풍부한 천의 커튼
- 크리스탈의 샹델리어와 큰 카우치 쿠션

그림 1.6.18 침대를 보라색의 벨벳으로 풍성하게 씌운다. 고급스러우며 특이한 양초 모양의 샹들리에를 걸어 두고 sky blue색의 실크 천으로 만든 베개로 강조를 한다.

(4) 낭만적인 이미지(Romantic)[10)]

따뜻하면서도 낭만적인 분위기의 로맨틱한 실내를 위해 붉은 보라색을 사용해 본다.

여기에 엷은 유백색이 섞인 핑크색과 적황갈색, 벽돌색들, 색 바랜 회색에 암녹색, 그리고 자연석과 같은 돌의 색들과 함께 어울린다.

짙은 남색과 거의 검정에 가까운 짙은 보라색은 로맨틱한 분위기를 더해주어 깊게 해준다. 밝은 색으로 조화를 준다면 크림색, 우유색, 담갈색들과 같이 엷은 색들을 사용하고 엷은 황록색을 사용하여 강조를 한다.

로맨틱한 실내를 계획할 때 가장 중요한 점은 옛것에서 찾아보는 것이다. 오래된 것과 새로운 것을 조합하여 한 폭의 그림 같은 스타일을 만들어 본다. 소박한 나무색에 적포도주 색상을 사용하면 화려하면서도 소박한 느낌을 준다.

낭만적인 이미지에 어울리는 소품 및 액세서리류

- 오래되어 낡은 고전풍의 천들
- 줄무늬나 바둑판 무늬의 면직류와 가는 곡선 무늬를 짜 넣은 부드러운 모직물, 그리고 레이스, 꽃무늬가 있는 천들
- 고풍스런 모자들, 오래된 가족사진들, 기념품들, 그리고 특별히 소중하게 생각하는 소품들

그림 1.6.19 붉은 보라색 계열의 침대와 쿠션들이 매우 낭만적이고 로맨틱한 실내로 연출하고 있으며 황금색의 커튼과 양초가 더욱더 극적인 분위기로 연출하고 있다.

(5) 상쾌한 이미지(Costal)[11)]

Costal한 색은 상쾌함을 주고 활기를 북돋아 주며, 회복을 주는 색들이다. 젊고, 활기차고, 상쾌하고 깨끗함을 주는 다양한 군청색의 종류들은 주로 욕실과 침실에 많이 사용되는 색들이다. 또한 시원함을 주며 정신을 맑게 해주고 안정감을 느끼게 해 주며 어느 공간에서든 고요하면서도 편안한 분위기를 더해준다.

대표적인 색상들은 진한 청록색과 엷은 담청록색, 엷은 바다색과 은회색 계열, 시원한 백색, 회색이 가미된 파란색 계열, 그리고 에메럴드색들이 있으며, 강조색상으로 보색의 주홍색과 귤색이 사용된다.

상쾌한 이미지에 어울리는 소품 및 액세서리류

- 소나무 원목으로 만든 고풍스런 가구들
- 하얀 색 페인트가 칠해진 오래된 물건들과 스트라이프 줄무늬가 있는 모던한 가구
- 여름에는 회색과 진초록색, 겨울에는 부드럽게 보이기 위해 빛바랜 초록색 계열의 소품류

그림 1.6.20 Coastal한 고요한 분위기를 꾸며 본다. 암청색의 화병과 둥글게 부풀려진 유리병과 같은 소품들이 투명하고 불투명한 유리병에 있는 목욕용 소금과 기타 제품들과 함께 어우러져 분위기를 자아낸다.

■ 줄무늬나 꽃무늬, 또는 무늬가 없는 단색, 그리고 체크무늬의 천들

(6) 활기찬 이미지(Dynamic)[12)]

Dynamic한 색들은 활발하고 밝다. 화려하고 활력이 넘치는 색들이 공간의 규모와 상관없이 분위기를 좌우한다. Dynamic한 공간을 위해서는 대담한 색채 계획이 이루어져야 한다. poppy orange(선명한 오렌지색)와 붉은색들, 그리고 netural색 또는 보색들과 함께 과감히 사용해 본다.

오렌지(orange)색은 화려하고 활기차며 동적이다. 이처럼 강한 색상을 사용할 때는 넓은 공간에 너무 압도적이지 않게 사용하도록 하며, 부분적으로 사용한다면 작은 공간이든 큰 공간이든 상관없이 활기차게 만들어 준다. orange색과 어울리는 배색은 red-orange와 yellow-orange가 있으며, 약간의 자극적인 느낌을 주기 위해서는 강렬한 핑크색을 사용해본다.

라임그린(lime green)색상은 오렌지색과 반대되는 색의 계열로서 잘 어울리며, blue(파랑)계열과 natural-cream(따뜻한 크림색)색과 백색을 사용하면 산뜻함을 줄 수 있다.

그림 1.6.21 Dynamic한 분위기는 많은 색을 사용하지 않아도 공간에 엑센트를 줄 수 있다. 중간 중간의 밝은 색들이 공간에 활력을 넣어 주고 있다.

■ 안토니오 가우디(Antonio Gaudi, 1852-1926)

아르누보 시대를 대표하는 스페인 건축가 가우디는 가난한 노동자의 아들로 태어났다. 어릴 때부터 관절염을 앓아 제대로 걷지도 못했고 친구들과 어울리지도 못해 어린 시절의 대부분을 '관찰' 하며 보냈다고 한다.

1868년 바르셀로나에서 건축을 전공할 때, 어머니를 일찍 여의고, 이후 아버지와 여조카와 함께 살게 된다. 그는 이후 평생 결혼도 교제도 하지 않으며 이들과 생을 함께 했다. 그의 아버지는 학비를 보태기 위해 가산을 팔아야 했으나, 대학에 와서도 가우디는 여전히 두각을 나타내지 못하는 학생이었다. 그러나 건축에 대한 그의 자신감은 대단했다.

가우디는 중세, 르네상스, 서남아시아의 건축물들을 보며 자신의 창작에 많은 영향을 받았다. 특히 19세기와 함께 시작된 아르누보 운동에 발맞추어 자신만의 스타일을 발전시키기 시작하였고, 대학시절부터 몇몇 프로페셔널 건축가들과 일하면서 실력을 발휘하기 시작했다.

1878년 파리 국제 박람회에 출품한 그의 건축 프로젝트가 사람들의 이목을 끌면서 그의 이름은 세상에 알려지기 시작했다. 그리고 이곳에서 자신의 생의 전환점을 마련해줄 인물을 만난다. 에우제비 구엘이었다. 구엘은 가우디가 천재임을 믿어 의심치 않았고 평생 그가 만들고 싶은 것을 만들 수 있도록 그의 굳건한 후원자가 되어 주었다. 그리고 가우디는 이런 구엘을 위해 그의 구엘 공원을 만들었다.

19세기 말부터 바르셀로나는 전례 없는 건축 경기의 붐을 맞으며 부자들은 '멋' 을 위해 예술에 탐닉하기 시작했다. 가우디는 이 당시 부자들에게 가장 인기 있는 젊은 건축가였으며 역작이 될 작업들을 맡기 시작했다. '까사 밀라', '구엘 공원' 그리고 '사그라다 파밀리아 대성당' 이 있다.

1911년 열병으로 죽다 살아난 가우디는 이듬해 여조카의 죽음, 그리고 구엘을 비롯한 수많은 후원자들마저 세상을 떠나면서 갑자기 모든 것을 포기한 채 '사그라다 파밀리아 대성당' 에 매달리기 시작하였다. 가우디는 이 건축물에 평소 어마어마한 애착을 갖고 있었는데, 몇 번의 금전적 문제로 파밀리아 대성당의 작업이 중단됐다고 한다. 이때부터 그는 외부 세상과 담을 쌓은 채 완전히 거지와 다름없는 삶을 살기 시작하였고, 그는 끝없이 일을 하다 지치면 길바닥에 누워서 잤고, 깨어나면 다시 일에 매달렸다. 그리고 1926년, 그는 한밤중에 교통사고로 사망하였다.

그는 '사그라다 파밀리아 대성당' 을 위해 43년의 세월을 쏟아 부었고, 그가 죽을 때까지도 완성을 못해 아직도 세계 여러 곳으로부터 기부금을 받아 지어지고 있다.

가우디의 사망 소식을 들은 바르셀로나 시민들은 통곡했다. 그의 장례식날 바르셀로나 시민의 절반이 검은 옷을 입었으며, 그의 몸은 그가 그토록 사랑했던 필생의 역작, 사그라다 파밀리아 대성당 안에 묻혔다.

1. 사그라다 파밀리아 대성당(1884-공사 중)

2. 까사 밀라(1906-1910)[13)]

돌로 지은 5층 건물로 물결치듯 이어지는 벽과 동굴처럼 생긴 출입구, 투구를 쓴 사람 얼굴 모양의 굴뚝 등 모든것이 건축에 대한 기존의 고정관념을 깨고 있다.

3. 구엘 공원(1900-1914)[14)]

곡선을 위주로 한 건물들로 즐비하다. 화려한 모자이크타일 장식, 위태롭게 기울어 있는 나선형의 층계, 꾸불꾸불한 길과 인공 석굴, 모자이크 장식이 된 뱀 모양의 기다란 벤치, 과자로 만든 집 같은 경비실까지 모든 것이 실험적이고 아름답고 현란하다.

[참고문헌]

1), 2), 5), 6) Chris Grimley & Mimi Love, color, space, and style, Rockport, 2007

7) ~ 12) Martha Gill, Color Harmony, Rockport, 2001

3) Terence Conran, The Essential House, Crown New York, 1994

4) 이소테리아, Interior Planning Document, Prot Galaxy, 1999

13), 14) http://blog.naver.com/unesco114/110032713118

제 2 장

디자인 원리

1. 스케일(scale)

스케일은 건물이나 실내공간의 크기에 대한 좋고 나쁨에 대한 기준으로서의 평가적 차원에서 규모, 크기의 개념에 해당되며 이러한 크기의 감각은 일반적으로 인체치수, 즉 사람의 신체적 조건과 비교하여 좋고 나쁨이 평가되어진다. 또한 스케일은 시각적 요소의 크기에 대한 적합성을 말할 때 스케일이라는 용어가 사용된다. 크기에 대한 감각인 스케일감은 주변환경에 따라 다르다. 이러한 크기의 감각은 일반적으로 인체치수, 즉, 사람의 신체적 조건과 견주어서 좋고 나쁨이 평가되어진다.

스케일의 특성을 간추려 보면 다음과 같다.

■ 공간 안의 요소들은 그곳을 이용하게 될 사람들의 크기에 맞추어 계획되며, 벽이 세워지든, 가구가 놓여 지든, 어떠한 형태물들이 설치가 되더라도 결국 인간의 스케일에 맞는 디자인이 계획될 것이다.

예를 들어 농구 선수가 사는 집과 일반인들이 사는 집을 비교해 보면 대부분의 농구 선수들이 사용하는 가구류는 일반인들보다 크게 제작한다. 이것은 인간의 인체공학적 치수 감각에 의한 인간적인 스케일이 적용된 것이며, 그들이 사는 집의 천장의 높이와 출입문의 높이 등은 일반인들이 사는 집들보다 높고 넓게 지어지길 원한다.

이와 같이 모든 공간의 디자인은 인간적인 스케일과 건축적인 스케일에 부합되는 디자인이 필요한 것이다.

■ 교회와 성당의 경우는 대부분 천장이 매우 높고 실내는 장엄하다. 물론 신성하고 거룩함을 표현하기 위한 수단으로 천장을 높이 설계하는 부분도 있을 것이다.

그럼에도 불구하고 종교건축은 층고가 왜 높을까? 이와 같은 종교건축에서 느끼는 사람들의 감정은 아마도 웅장해야 한다는 고정관념이 지배했을 것이다. 그것은 일반적으로 우리가 흔히 말하는 스케일감을 결정할 때 이와 같은 감정이 작용한다는 것이다. 결국 스케일은 자연스럽게 사람들의 감정에 의해 기억되고 표현된다.

■ 빌딩 주변의 옥외조형물들은 빌딩의 규모에 의해 크기가 결정된다. 즉, 빌딩의 규모가 큰 경우, 옥외 조형물들은 상대적으로 높고 크다는 것이다. 빌딩은 거대하고 높으나 조형물의 크기가 실내의 조형물 크기라면 스케일감이 부족해 빈약해 보일 것이다. 결국 빌딩의 규모와 같은 주변환경에 의해 조형물의 크기를 결정하는 중요한 요인이 된다.

<요약>

- 규모 크기의 개념
- 인간적인 스케일과 건축적인 스케일
- 고정관념에 의한 스케일
- 주변환경에 의한 스케일

1) 인간적인 스케일과 건축적인 스케일

모든 공간에서 적용되는 인간적인 스케일과 건축적인 스케일은 휴먼스케일에 의해 계획된다. 휴먼스케일은 공간을 설계할 때 이유 없이 너무 크게 설계하거나 너무 작게 설계하는 것을 조절하기 위해 반드시 필요한 기준이 되며 휴먼스케일에 의해 정해진 치수는 실내에 머무르게 될 사람들을 위하여 보다 더 편하고 안락함을 주기 위해 계획된다.

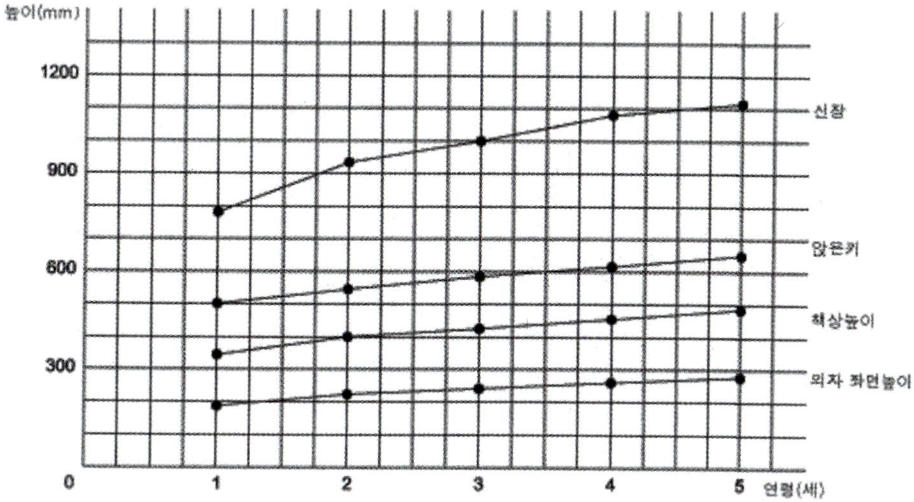

그림 2.1.1 연령별 신체치수와 책상 의자의 치수비교.[1]

인간적인 스케일은 주로 인간의 신체 사이즈에 의해 좌우 되는데, 연령에 따라 모든 가구 및 소품들은 차별을 두고 설계한다. 특히 영유아가 사용하는 모든 가구를 설계할 때에는 인체치수를 반드시 고려하여야 한다. 책상과 의자는 영유아의 작업 활동에 직접적으로 영향을 줄 수 있으므로 영유아의 인체치수에 따라 크기가 정해져야 한다. 또한 영아들의 경우는 안전 바가 설치되어 있는 침대를 사용해야 안전하다.

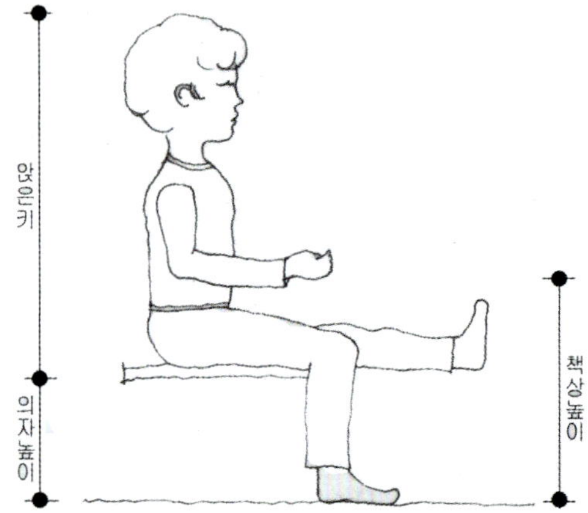

그림 2.1.2 작업용 책상 · 의자높이 및 좌면넓이의 기준

그림 2.1.3 영아용 난간침대의 난간 살은 영아의 신체가 끼이지 않는 간격을 유지한다.[2)]

이와 같이 인간적인 스케일의 기준은 신체적 조건과 밀접한 관련을 가지고 있는 휴먼스케일에 의해 정해지며 신체적 조건에 비해 필요이상으로 크거나 작을 때 우리는 휴먼스케일에서 벗어났다고 표현한다.

건축적인 스케일은 실내에서 생활하는 사람들을 위해 각 요소별 계획 시 인체공학적 치수 감각에 의해 물리적 스케일을 적용하여 계획하는 실내건축적인 스케일을 말한다. 즉, 입구의 크기, 창의 넓이, 천장의 높이, 계단의 높이 등과 같이 물리적인 방법으로 접근하는 스케일을 말한다.

?! **알고가기**

르 꼬르뷔지에의 인체치수를 적용한 모듈러 시스템

르 꼬르뷔지에의 건물은 대부분 인체치수를 적용하여 인간을 위한 환경을 표현하고자 노력하였다. 이는 건물 전체의 질서를 부여하기 위해 인체척도를 적용하였고 결국, 건물의 조형상 의의를 그대로 과학적인 접근으로 인하여 훌륭하게 표현하였다. 그의 모듈러 시스템은 고대 르네상스의 레오나르도 다 빈치의 인간과 환경을 위한 과학적인 발견과 함께 원근법과도 통하고 있으며, 인체치수를 적용한 건물은 아름다움의 근원이라고 생각하여 실제적으로 적용하였다.

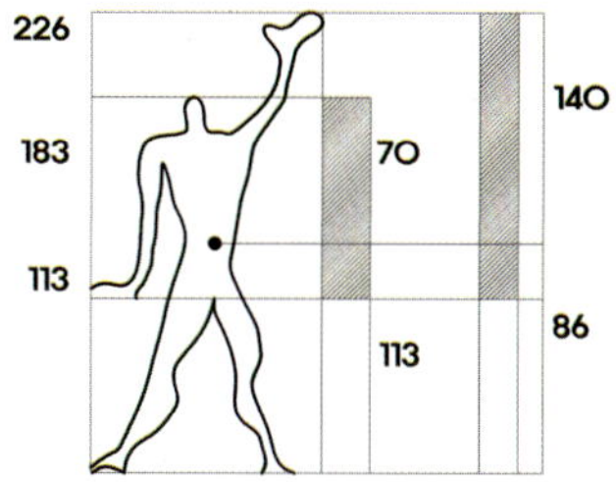

그림 2.1.4 르 꼬르뷔지에는 183cm의 신장을 가진 사람을 기준으로 배꼽까지의 높이를 113cm로 보고, 2배되는 높이의 226cm를 최대의 높이로 생각하였다. 이 규칙은 피보나치의 법칙을 이용하여 발전되었으며, 43+70=113, 113+70=183, 113+70+43=226(2×113 등과 같이 황금비를 가하고 감하여 나온 값을 각각의 인체의 스케일에 적용한 것이다. 그 결과 바닥에서 배꼽까지를 5, 배꼽에서 머리끝까지를 3으로 하는 황금비가 적용되었다.

피보나치 법칙

1:2:3:5:8… 과 같이 각각의 값은 전의 두 값의 합과 같은 수열에 의한 법칙이다. 르 꼬르뷔지에는 이 법칙 이외에도 황금비와 더불어 휴먼스케일을 적용하여 체계적으로 비례를 확립시켰고 디자인의 기준을 만들었다.

르 꼬르뷔지에(Le Corbusier)의 모듈러 시스템이 적용된 건축사례

– 유니테 다비따시옹(Unite d`Habitation)

1953년 프랑스 마르세이유에 지어진 유니떼 다비따시옹은 일반적 주택의 구조로는 이해하기 힘든 새로운 구조적인 형태와 조형적인 형태, 나아가 환경적인 측면을 고루 갖춘 새로운 집합주택의 방향을 제시하였고 시도하였다. 그의 끈기와 추진력으로 자신의 계획안을 관철시킨 작품이었으며 오늘날 획기적인 설계법으로 계획된 대표적인 휴먼스케일의 좋은 건축의 사례가 되고 있다. 건물 입구에서부터 전체 층에 적용된 모듈러 시스템은 인체치수를 적용하였다.[3)]

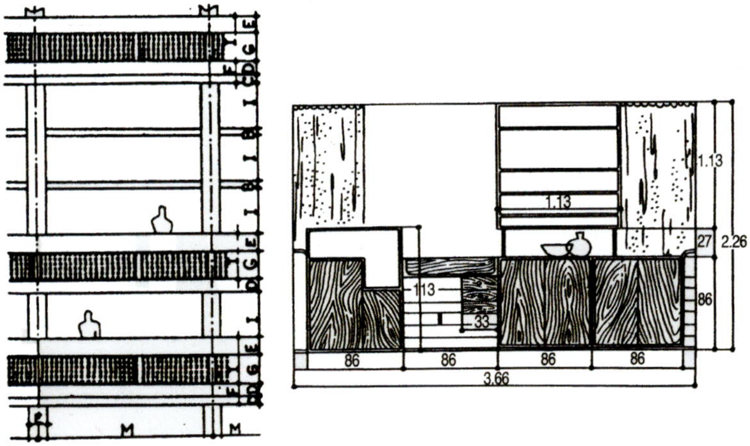

그림 2.1.5 유니테 다비따시옹의 건축단면과 실내가구 도면으로서 모든 치수는 인체치수를 적용하여 설계된 매스와 공간을 규정해 주는 건축물로서 명확히 인식될 수 있다.[4)]

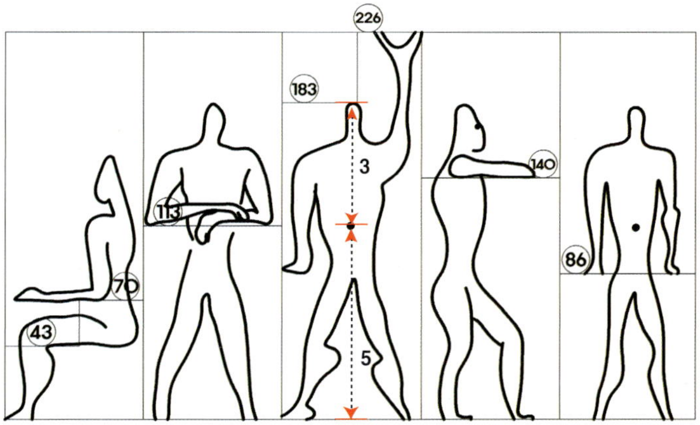

43 + 70 = 113
113 + 70 = 183
113 + 70 + 43 = 226

그림 2.1.6 르 꼬르뷔지에 건축물에 적용된 인체의 비례에 의한 치수의 기준, 의자의 높이, 선반의 높이, 난간의 높이, 문의 높이, 천장의 높이 등을 적용하였다.

2) 고정관념에 의한 스케일

건물 전체의 천장이 뚫려있는 개방형 실내는 천장이 낮은 실내의 규모와 비교했을 때 규모가 더 크고 웅장하게 느껴진다. 특히 교회 및 성당 그리고 미술관 등과 같이 대중들이 이용하는 공간의 천장의 높이는 더욱더 높고 웅장하다.

신체적인 조건에 비해 규모가 필요 이상으로 큰 경우인데 이 경우는 휴먼스케일에서 벗어난 연상적인 건축적 스케일로 구분된다. 즉, 대중적인 공간의 실내는 대부분 사람들이 연상하기를 천장이 높고 웅장해야 한다는 고정관념을 가지고 있기 때문이다. 이는 아마도 고딕건축의 높은 천장의 이미지에서 영향을 받아 잠재적으로 인간의 감정에 내재되어있는 경우일 것이다.

그림 2.1.7 피사의 사탑 실내로써 교회건축에서 쉽게 볼 수 있는 높은 천장의 실내는 웅장하고 장엄하게 느껴진다.

그림 2.1.8 휴먼스케일에서 벗어난 대규모 스케일의 구겐하임 미술관은 공간의 전체가 개방적으로 계획되었다.

3) 주변환경에 의한 스케일

테헤란로에 위치한 건물들은 대부분 크고 높다. 그 앞을 지나가는 사람들을 보면 매우 작게 느껴지기도 한다. 사람들이 드나드는 건물의 개구부의 높이를 제외한 주변의 모든 건물들의 규모는 거대하고 광대하다. 이처럼 주변의 건물들의 크기에 비해 사람들이 작게 보이는 것은 주변환경에 따라 스케일감이 다르게 나타나기 때문이다.

또한 대형 건물의 실내 천장은 일반적인 실내천장의 높이보다는 높게 설계되는 것이 바람직하며 실내 및 실외의 조형물의 크기도 거대한 스케일의 건물과 어울릴 수 있는 크기로 계획되어야 할 것이다.

그림 2.1.9 테헤란로의 거대한 빌딩 숲 사이로 다니는 차들이 매우 작아 보인다. 주변의 높은 빌딩들 때문에 더욱더 작게 느껴진다.

그림 2.1.10 영국 체스터 대성당의 실내로써 천장의 높이가 높게 설계되어 매우 웅장하고 위엄있다. 이처럼 종교건물이나 박물관과 같이 실내가 넓은 곳의 천장은 높게 설계되어야 바람직하다.

그림 2.1.11 대형건물 앞의 조형물이 거대한 스케일에 맞추어 크게 제작되었다. 다니엘 리베스킨트, 폴란드

■ 렘 쿨하스(Rem Koolhaas, 1944 -)의 건축세계

1944년 네덜란드의 로테르담에서 태어났으며 암스테르담에서 저널리스트와 시나리오 작가로 활동하다가 1968년부터 1972년까지 영국 런던의 AA스쿨(Architecture Association)에서 건축을 공부했다. 1972년에는 장학금을 받아 미국에서 수학하면서 뉴욕 문화에 대한 분석을 하여 '정신착란증의 뉴욕: Delirious New York'을 집필하였다. 그 후 다시 런던으로 돌아간 쿨하스는 1975년 엘리아(Elia)와 젠겔리스(Zenghelis)등과 함께 런던에 Office for Metropolitan Architecture(OMA)를 설립하였다.

현재, OMA의 소장과 하버드대학교의 디자인대학원의 교수로 활동하고 있으며, 건축설계 분야뿐만 아니라 현대의 문화를 이론적으로 정의하여 현대건축을 창조하고 있다. 따라서 그의 작품들은 일관성 있는 작품의 특성보다는 다양한 형태의 거대한 외관을 추구하는 '자유' 의 개념이 강하게 부여되어 언제나 새롭고도 다양함을 추구하고 있다.

그가 추구하는 자유의 건축에 관한 사고는 기둥의 간격과 방향, 기울어진 단면, 재료 등의 변화를 통해 공간을 차별화하여 근대적 질서를 파괴하는 것이며, 비대칭적 형태, 유기적인 형태, 또는 다원적인 형태의 비기하학적인 형태를 사용하는 것, 그리고 혼돈을 통한 새로운 질서를 창출하는 것이다. 즉, 현대 도시가 자아내는 긴장과 모순, 그리고 역동성을 그대로 표출하는 건축에서 새로운 감수성을 추구하고자 했다.

대표작으로는 네델란드의 국립무용극장(1988), 로테르담의 쿤스트할(1992), 우트렉트의 에듀카토리움(1997), 후쿠오카의 넥서스 주택안(1991), 메종 보르도(1998), 뉴욕 SOHO와 LA의 프라다 매장, 서울대학교 미술관(2005), 시애틀 공립도서관(2004), 북경의 중국국영방송 본사 사옥(2008) 등이 있으며, 그는 2000년에 프리츠커상을 수상하는 영광을 얻었다.

1. 메종 보르도(보르도, 1998)

건축주는 교통사고의 후유증으로 거동이 불편했으며, 쿨하스에게 보르도 시내가 보이는 집을 설계해줄 것을 요구하였다. 가로로 길게 뻗어 나오는 매스의 구조를 해결하려 노력하였고, 기계를 사용하여 움직이는 벽면과 바닥을 설계함으로써 움직임을 원활하게 하였으며, 자동 창문은 실내에 자연채광이 어디서든지 들어 올 수 있도록 설계되었다.

2. 씨애틀 공립도서관(씨애틀, 2004)

3. 중국국영방송 본사 사옥(2008)

4. 서울대학교 미술관(2005)

[참고문헌]

1), 2) 천진희 외, 국공립 보육시설 실내 및 옥외 환경개발사업, 상명대학교, 2006

3), 4) 김홍기, 건축조형 디자인론, 기문당, 2001

2. 비례

비례는 디자이너들이 원하는 완벽한 공간을 그리고 만들기 위해 필요한 원리이며, 크기와 길이를 포함한 모든 치수의 기준을 말한다. 마치 규칙과 같은 공간을 체계적이고 균형 잡힌 공간으로 만들기 위해 도와주는 하나의 정확한 방법과도 같다. 공간을 설계하기 위해 디자이너들은 대부분 수학적인 비례의 법칙으로 접근하여 각 단위공간의 면적과 형태를 결정하며, 공간의 조화로움을 위해 설계단계에서부터 각 요소별 크기와 간격, 높이를 계산하여 세부적으로 디자인한다. 이와 같이 형의 비례에 관해 논할 때 대부분의 디자이너들이 사각형의 크기와 높이에 관해 말한다.

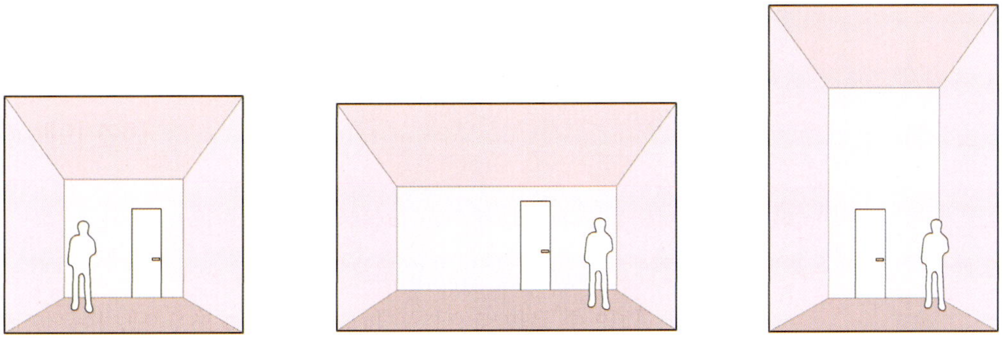

정사각형 직사각형 높은 사각형

그림 2.2.1 사각형의 넓이와 높이에 의한 공간의 비례를 표현한 것이다. 정사각형의 공간은 바닥면적과 높이가 같은 경우로 안정적이며, 직사각형은 높이와 좌우의 길이가 대략 1:2의 비율인 경우로 공간을 효율적으로 나누어 사용할 수 있다. 반면 천장이 높은 공간은 일반적인 천장의 높이보다 높기 때문에 매우 흥미롭고 경쾌하다.

정사각형

직사각형

높은 사각형

그림 2.2.2 정사각형 공간은 기하학적인 이미지와 어울리게 벽면의 패턴도 정사각형의 모양으로 채워져 있다. 직사각형의 공간은 높이에 비해 좌우의 길이가 길기 때문에 효율적으로 구역을 나누어 사용할 수 있다. 반면 높이가 높은 긴사각형의 공간은 작업실 겸 놀이를 즐길 수 있는 다목적실로 사용할 수 있다. [1]

비례가 적용되는 실내의 경우는 모든 가구들의 크기와 패턴을 결정할 때, 창을 포함한 벽면에 그려지는 패턴과 모양을 결정할 때, 평면과 입면에 나타난 면적과 색채를 계획할 때, 전체적인 공간의 크기와 형태를 결정할 때 등과 같이 부분과 부분, 또는 부분과 전체사이의 관계가 이상적인 형태의 크기로 나타날 때 생겨난다. 이와 같이 비례는 대부분 규칙적으로 반복되는 선들의 간격과 패턴, 그리고 크고 작은 크기들의 조합으로 만들어지기 때문에 리듬의 원리도 나타나며 매우 논리적인 비례체계로 접근하여 수학적 질서에 의해 디자인된 공간의 질서를 느낄 수 있다.

그림 2.2.3 한 공간에 다양한 영역을 적절한 비율로 구획되었으며, 천장이 높은 공간은 2개의 층으로 나누었고, 창과 책장의 격자그리드 패턴과 테이블의 기하학적인 형태가 어울려 실내의 질서를 느끼게 한다.[2] 중이층 구조(mezzanine)

그림 2.2.4 직사각형의 긴 평면을 5:2의 비율로 공간을 나누었고, 높은 천장을 활용하여 층을 구분하였다.[3]

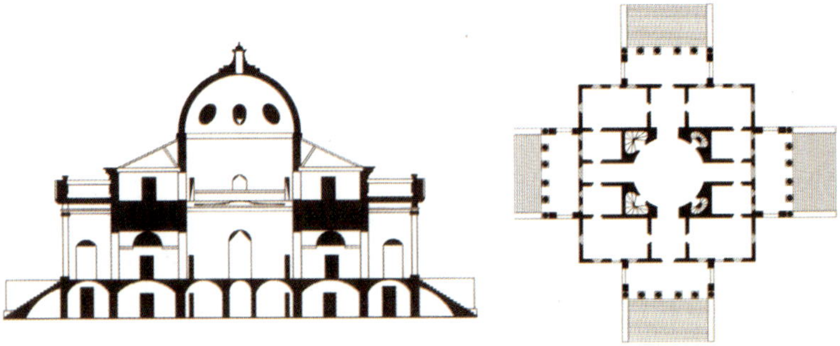

그림 2.2.5 Andrea Palladio, 빌라 카프라의 평면도와 입면도, 적용된 비례는 1:1, 1:2, 2:3, 3:5에 의해 계획되었으며, 정사각형과 황금비의 사각형이 서로 연결되고 있다.[4]

?! **알고가기**

황금비례(The Golden Proportion)

황금비의 사각형을 만들기 위한 작도법으로서 아래의 그림과 같이 정사각형을 이등분하는 중앙지점E(A와 D중간)에 점을 찍고 상부 모서리(C)에 컴퍼스를 맞추고 원호를 그어 D선을 연장한 선과 만나는 점 B'를 구하여 연결한 사각형을 만들어 황금비를 만들어 냈다. AB : AB'는 1: 1.618의 비를 보여주고 있다. 결국 황금비를 적용하여 작도된 형은 직사각형으로써 다른 말로 황금 직사각형(The Golden Rectangle)이라고도 한다. 고대 그리스 시대의 많은 신전들이 이러한 비례를 적용하여 조형미를 더 해주었다.

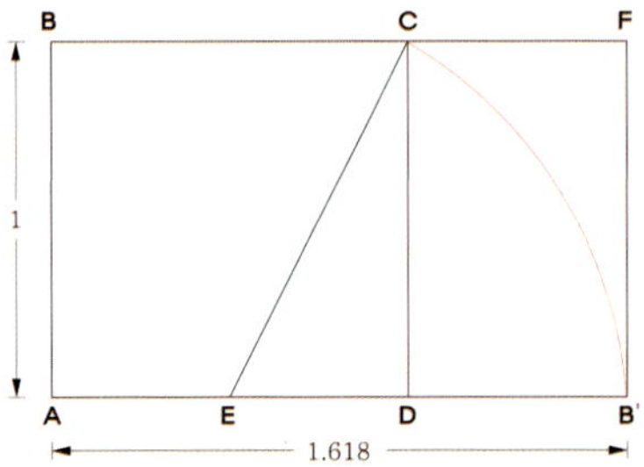

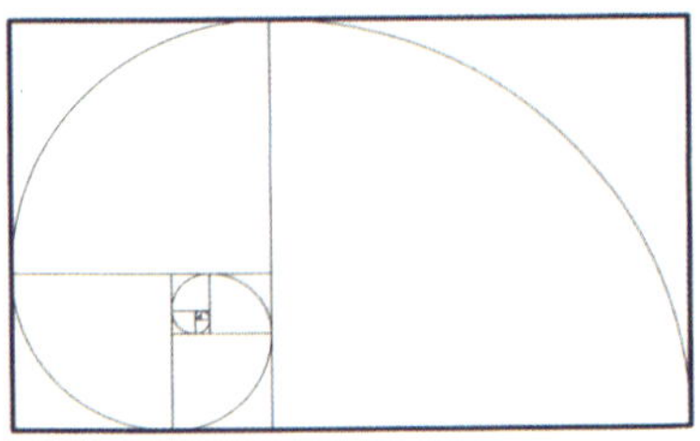

그림 2.2.6 황금비 사각형의 작도법.[5]

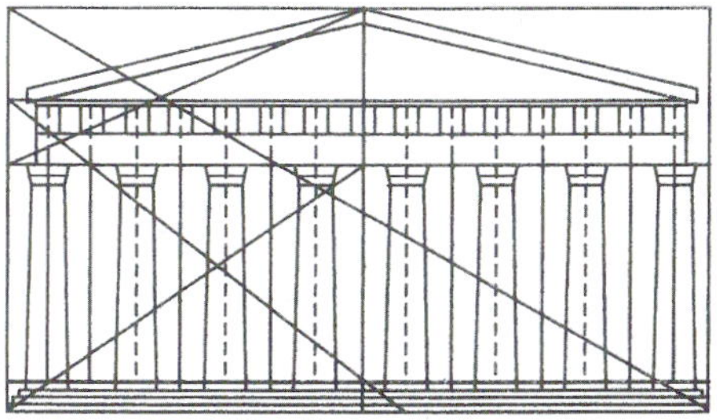

그림 2.2.7 완벽한 비례를 지닌 건축으로 일컬어지는 파르테논신전.

레오나르도 다빈치의 황금비례

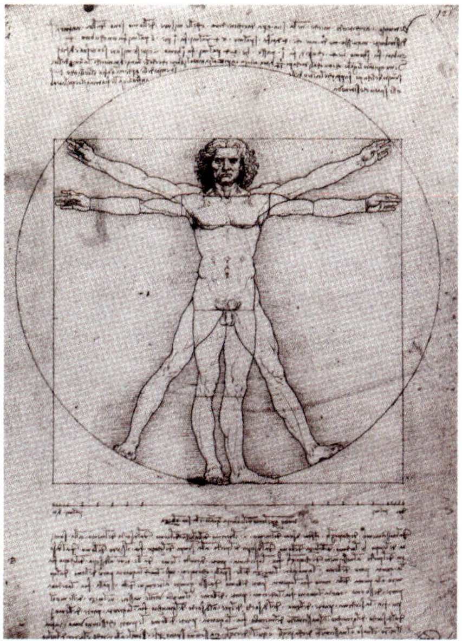

그림 2.2.8 인체비례, 레오나르도 다빈치, 1492.

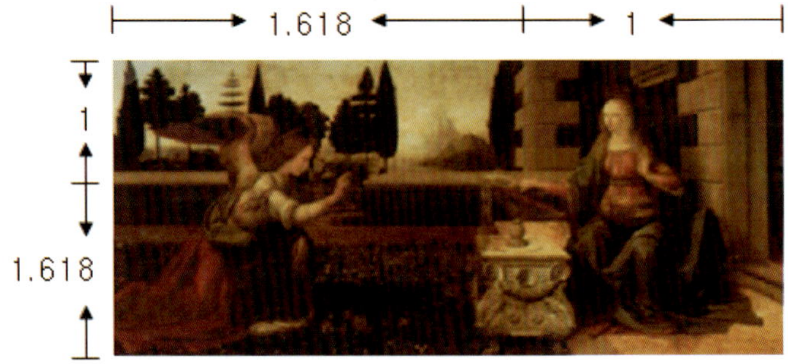

그림 2.2.9 가브리엘 대천사가 성모 앞에 나타나 아기예수를 잉태할 것임을 알려주는 성서의 한 장면을 묘사한 것으로써 황금비율이 적용된 작품이다. 천사는 순결의 상징인 백합을 가지고 왔고, 천사의 소식을 듣는 마리아는 자신도 모르게 왼손을 들게 된다. 사건의 엄숙함과 극적 긴장감이 잘 살아 있다. 많은 화가들이 이 장면을 놓고 그림을 그렸지만 다빈치의 작품만한 것은 없다고 하였다. 수태고지, 레오나르도 다빈치, 1474.

레오나르도 다빈치의 황금비는 인체비례와 매우 관련이 깊다고 하였다. 그가 그린 그림에서 원안의 중심점이 배꼽을 가리키고 있으며 상하 5:3의 비례를 하고 있다. 이와 같은 개념의 치수는 르 꼬르뷔지에의 모듈러 시스템으로 발전하였다.

르 꼬르뷔지에의 모듈러(Modular)

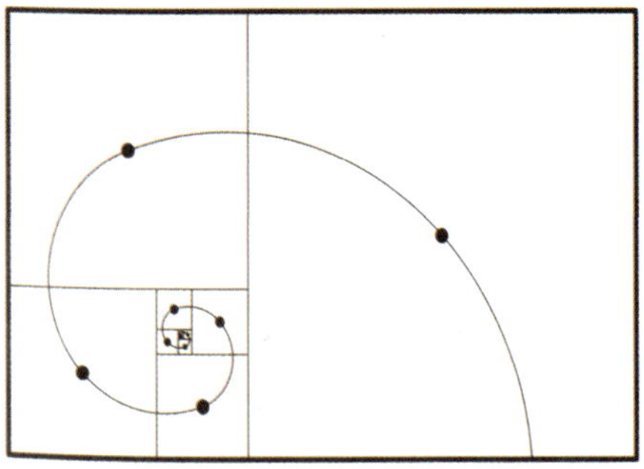

그림 2.2.10 르 꼬르뷔지에의 모듈러와 황금비의 노틸러스(Nautilus)의 자유곡선.

바닥에서 배꼽까지의 높이를 1130mm로 정하고 손끝까지의 전체 길이는 2배 길이의 2260mm로 보았으며, 피보나치수열의 법칙에 의한 붉은색과 청색의 부분으로 구분하여 표현하였다. 따라서 바닥면에서 시작한 붉은 색의 치수는 6, 9, 15, 24, 39, 63, 102, 165, 267, 432, 698, 1130, 1828, 2260으로 표기되며, 청색의 치수는 11, 18, 30, 48, 78, 126, 204, 330, 534, 863, 1387, 2260과 같이 나타난다.

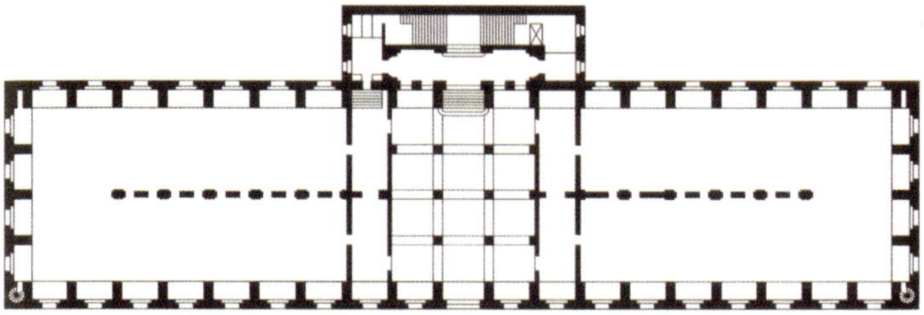

그림 2.2.11 두 개의 직사각형의 비례는 황금비에 가까운 1 : 1.414 이며, 평면 및 입면, 정면에 모두 적용되었다. 제너비브 성당의 홀 평면, 르 꼬르뷔지에, Paris, 1843.[6]

그림 2.2.12 솔리드한 벽면과 격자구조에 의한 벽면의 비례가 잘 적용된 사례이다. 파쇼빌라, 쥐세페 테라니, 이탈리아 코모, 1936.[7]

■ 에로 사아리넨(Eero Saarinen, 1910-1961)의 건축세계

1910년 핀란드의 키루코누미에서 태어나 13세 때 아버지와 함께 미국으로 이주했다. 그는 어렸을 때부터 건축가였던 아버지로부터 많은 영향을 받았다. 1934년 예일대학의 건축학부를 우수한 성적으로 졸업하고 아버지 엘리엘 사아리넨의 사무소에서 1950년까지 설계활동을 계속했다. 아버지와 같이 일하는 동안 스미소니언 미술관 현상설계에서 1등에 당선되는 등의 질 높은 건축을 지양했다. 1948년에는 제퍼슨 기념비가 현상설계에서 1등으로 당선되어 그의 이름이 세계적으로 알려지기 시작하였다.

그의 작품으로는 제퍼슨 기념비(1948-68), GM기술연구소(1948-56), MIT오디토리움과 교회당(1953-56), 예일대학 하키링크(1956-59), TWA공항 터미널(1956-62), CBS본사(1960-64) 등 1950년대부터 60년대에 걸쳐서 수많은 작품들을 세상에 남겼다. 불과 11년간의 짧은 기간 동안이었지만 그 이름이 세계에 널리 알려지기에 충분하였다. 그의 이러한 결과는 하루 아침에 이루어진 것은 아니었다. 그는 핀란드의 가혹한 환경을 극복하고 성실하고 신중했으며, 의지가 강했다. 특히 싫증내지 않는 탐구심과 건축에 대한 정열과 책임감이 강했으며, 모든 것을 건축에 바친 사람이었다.

그의 건축의 3대 원리로서 기능존중의 원리, 구조표현주의, 새로운 시대정신의 도전이다. 기능존중의 원리는 다른 건축가들과 맥락을 같이 하고는 있지만, 건축적 문제를 해결한다고 보지는 않았다. 즉, 새로운 기능에 접근을 하여 적응을 한다면 기능이 형태의 방향을 결정하는 압도적인 원리가 될 수도 있다고 하였다. 구조표현주의는 구조가 전체 및 다른 원리에 공헌할 수 있을 때에만 중요하다고 하였다. 마지막으로 새로운 시대정신의 도전은 우리들 시대의 새로운 사상과 새로운 기술을 인식하고 적용하여 가능성을 추구하고 디자인에 적절히 사용해야 한다고 하였다. 결국, 그는 건축은 그 하나로서 성립하는 것이 아니고 자연이든, 인공적 환경이든 그것을 둘러싼 모든 주위 환경과의 관련에서 존재한다고 하였다. 즉, 매스와 스케일, 재질에 있어서 하나의 건물보다는 전체의 환경이 중요하다는 뜻이 담겨있다.

1. TWA공항 터미널(1956-62)

다이나믹한 형태이면서도 마치 새가 날고 있는 듯한 모습을 연상케 하는 TWA공항 터미널은 4개의 쉘구조로 되어 있다. 돔은 상승감을 주어 위쪽으로 향하는 형태를 주었고, 끝을 올려 하늘이 보이도록 하였다.

2. 제퍼슨 기념비(1948-64)

포물선모양과 같은 아치형의 제퍼슨 기념비는 사실은 수직으로 매달린 곡선이다. 약 200m의 높이와 너비의 스팬(span)으로, 기단부의 삼각형 단면은 한 변이 19m 위로 올라감에 따라 가늘어져서 꼭대기는 6m로 되어 있다. 시대를 초월한 영원성과 현대성을 표현하기 위해 콘크리트 틀로 만든 후 스테인레스로 마감하여 모던하고 세련된 형태를 만들었다. 결국 제퍼슨 기념비는 시대를 초월한 위대한 기념비이자 건축적 랜드마크로 기억되고 있다.

3. 예일대학 하키링크(1956-59)

한 폭의 그림을 보는듯한 이곳은 예일대학 내에 위치한 데이빗 잉겔스 하키 링크이다. 캠퍼스의 다른 건물에 비하여 매우 독창적으로 설계되었는데, 아마도 하키링크라는 이유에서인지 건물의 특수한 기능과 구조를 자유롭게 표현하였다. 아치의 하강선과 균형을 이루도록 말단을 나누어 캔틸레버를 하늘로 치켜 올렸다. 끝부분에 조명기구를 부착하고 하늘로 날아 올라가는 모습을 강조함으로써 조명효과와 더불어 건물의 조형성을 표현하였다.

[참고문헌]

1), 2), 4), 6) Chris Grimley & Mimi Love, color, space, and style, Rockport, 2007
5), 7) 김홍기, 건축조형 디자인론, 기문당, 2001
3) Quim Rossel, minimalist interiors, HBI, 2001

3. 강조

작품들이 전시되어 있는 갤러리는 대부분 하얀 벽에 작품들이 걸려 있거나 놓여 있기 때문에 실내의 분위기는 부드럽고 차분한 색을 사용하여 작품을 강조하기 위한 보조의 공간으로 사용된다. 즉, 각각의 공간마다 강조해야 할 부분이 있다면 그 외의 공간들은 종속적인 역할을 하게 된다.

다시 말해 강조란, 실내든 실외든 강조하고 싶은 부분이 있다면 가장 먼저 시각적으로 두드러져야 하기 때문에 여러 가지 방법을 사용하여 표현하는 것을 말한다. 이때 관심을 기울여야 하는 부분이 있다면, 너무 산만해지지 않도록, 많은 색상을 한꺼번에 사용하는 것과 강조하고자 하는 부분의 면적이 비슷하여 무엇이 강조가 되고 있는지 모르게 해서는 안 될 것이다. 즉, 공간에서 흥미와 관심을 주고자 하는 요소가 주체가 되어야 하며, 그 외의 요소들은 부수적인 역할을 할 수 있도록 계획해야 한다.

실내를 강조하는 방법은 다음과 같다.

- 강조하고자 하는 부분을 향하여 다른 요소들이 같은 방향으로 향하도록 배치하는 방법이다. 예를 들어 벽난로와 같은 경우, 주변 가구들의 방향은 대부분 같은 방향으로 벽난로를 향해 배치된다.

■ 좌우 완전대칭의 배열과 공간의 중앙에 중심을 두고 배치하는 방법이다. 이와 같은 경우는 매우 안정적이면서도 중앙이 집중이 되기 때문에 강조가 되는 부분이다.

그림 2.3.1 좌우 완전대칭의 구도와 중앙에 중심을 두고 배치하는 방법으로 강조하고 있다.

■ 강조하고자 하는 부분의 크기를 예외적으로 달리하여 강조하는 방법이다. 일반적으로 건물의 입구에서 많이 적용된다.

그림 2.3.2 크기의 변화를 주어 강조하는 방법으로 입구가 강조되었다.

■ 재료의 질감이나 색의 변화로 대비를 주어 강조하는 방법이다.

그림 2.3.3 재료의 질감이나 색의 변화로 강조하였다.

그림 2.3.4 그레이계열의 모노톤으로 마감된 차가운 실내공간에 노란색의 소파가 따뜻하고 명쾌하게 강조되어 조화를 이루고 있다.

그림 2.3.5 작품을 강조하기 위해 갤러리의 공간은 매우 밝은 색으로 마감되었다.

그림 2.3.6 초등학교 건물 입구에 Red의 강한색상으로 강조하여 입구를 명확하게 알리고 있다.[1)]

그림 2.3.7 강한 원색의 사용으로 밝고 세련된 공간으로 계획되었다. 17구 폴리발랑에 위치한 초등학교의 실내, 파리.[2)]

■ 강조하고자 하는 실내의 부분을 조명을 사용하여 강조하는 방법이다.

■ 실내요소별 선의 방향이나 기울기를 변화시켜 대비시킴으로써 강조하는 방법이다.

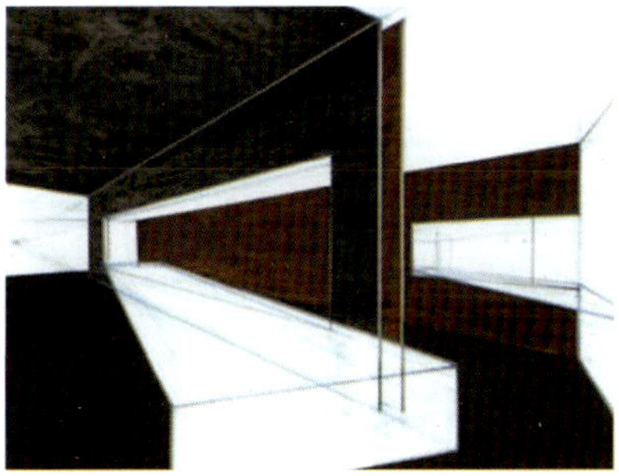

?! 알고가기

💡 베르나르드 추미의 색

베르나르드 추미는 재료와 색을 개념적인 방식으로 사용하고 컨셉과 아이디어를 위한 소재일 뿐이라고 하였다. 아름답기 때문에 그 색을 사용하는 것이 아니라 붉은색은 색깔이 아니라 일종의 부호라고 하였으며, 특히 그녀는 검은색, 흰색, 그리고 붉은색을 선호한다.

그림 2.3.8 강한 Red는 주변의 건물과 나무들의 색들과 차별을 두어 공원을 더욱 더 활기차게 만들고 있다. 라빌레뜨 공원, 베르나르드추미

■ 이오 밍 페이(I.M.Pei, 1917-)의 건축세계

1917년 중국 광동에서 태어나 열아홉 살 때 미국 메사추세츠 공과대학(MIT)에서 건축공학을 전공한 후, 졸업 후 하버드로 옮겨 건축학을 계속 공부하였고, 이때 유럽 현대건축의 선구자인 그로피우스, 브로이어 등의 지도를 받았다. 1946년 하버드대학 디자인대학원에서 석사 학위를 취득한 페이는 하버드에서 조교수로 근무하였으며, 1954년에 미국에 귀화하여 시민이 되었다.

한편 페이가 본격적으로 작품활동을 시작한 시기는 후기 모더니즘의 한 단계인 '레이트 모더니즘(Late Modernism)'의 시대였다. 그는 모더니즘의 마지막 단계인 '레이트 모더니즘'의 계승자이면서 미국에서는 선례 없는 노출콘크리트와 유리의 조합으로 인한 마감재와 구조재의 비용을 절감하고, 동일한 패널을 재사용하는 것이든지, 작업을 반복하는 것이 경제적이라는 판단이었다. 그는 건축물들의 하나하나가 고립되어 있는 것이 아니라 그것들이 모여 우리의 도시를 풍성하고 하고 나아가 문화와 연결된다는, 연속성 있는 건축 작업을 추구했다.

페이의 건축적 특성은 레이트 모더니즘의 특징인 현실주의적인 인식에서 스마트한 예각적 형태, 날카로운 지혜를 도입하는 일로 미니멀리즘의 충격을 유지해 갔으며, 오랫동안 자신만의 전형적인 모더니즘, 즉 명확하면서도 때로는 교묘한 기하학적 계획안으로써 우아하고 정제된 디테일을 항상 담아왔다. 스승인 그로피우스보다 르 꼬르뷔지에나 루이스 칸의 영향을 많이 받았으며, 초기의 콘크리트 작품에서는 칸의 영향이 강하게 느껴지는 작품이지만, 후기에는 크리스탈이나 유리 등의 재질을 사용함으로써 기계적인 부분들을 예로 들고 있다. 레이트 모던은 기존의 이론과 양식을 극한에 이르게 함으로써 정교하고 양식화한 모더니즘을 만들어내고 있다. 근본적으로 레이트 모더니스트의 접근방식은 이상주의적이라기 보다는 실용적이며 현실적이다.

이러한 작업의 결과는 이제 전 세계의 건축인들에게 '레이트 모더니즘의 계승자 페이'를 각인시켰으며, 페이는 건축의 노벨상이라고 일컫는 프리츠커상(1983년)을 수상하는 영광을 얻었다.

1. 국립미술관 동관(East Bldg. National Gallery of Art, 워싱턴, 1971-78)

기하학적이고 선적인 요소가 매우 강한 작품이다. 본관의 축을 연장하는 선상에 이등변 삼각형과 그 남쪽에 몰(Mall)과 평행하는 면을 보유하는 직각 삼각형이 연결되어 반복되는 블록의 형태이다. 정문을 들어서는 관람객이 처음 느끼는 감정은 거대한 스카이라이트로 덮인 Atrium으로 인해 시선을 위로 유도하면서 시원함을 느끼게 한다.

2. 루브르 박물관 피라미드(파리, 1989)

루브르 박물관의 주 출입구로서 제시된 거대한 투명의 유리 피라미드는 예술적 가치뿐만 아니라 현대 첨단 건축기술의 총화란 점에서 관심을 모았다. 35mx35m의 평면에 높이 22m인 다이아몬드형의 유리결정체로써 하이테크적인 건축수법을 선택했으며, 빛을 이용하여 실용적이면서 세련된 분위기를 조성하였다. 결국 그는 르네상스 시대의 궁전이었던 루브르 박물관에 강철과 유리의 피라미드라는 이국적인 아름다움을 멋지게 조화시킨 결과를 낳았다.

3. 존 행콕타워(보스턴, 1977)

총 62층의 이 건물은 강철 구조를 1만장의 청록색 유리창으로 뒤덮고 있어, 외벽이 마치 거울처럼 반사되면서 환상적인 아름다움을 선사하고 있다. 이 건물이 아름다운 만큼 완공까지 시련이 많았던 작품이었다. 공사 도중 공중에서 불어오는 시속 120Km의 바람에 속수무책으로 계속해서 유리창은 떨어졌고, 결국 페이는 유리창을 더 두꺼운 것으로 갈아 끼우고 강철빔들을 더 추가하는 등, 설계를 조금씩 변경하여 건물을 완공시킬 수 있었다. 그러나 이렇게 완공된 건물을 보면서 가장 기뻐한 사람들은 다름 아닌 존 행콕 생명보험사의 2천여 직원들이었다. 그들은 처음 공사를 시작하던 1971년, 후대에 남기기 위해 각자의 사인들을 하나의 강철빔에 새겼던 것이다.

[참고문헌]

1) J. Crosbie., Class Architecture, Images, 2001

2) 천진희 외, 국공립보육시설 실내 및 옥외환경 개발 사업, 상명대학교, 2006

4. 균형

균형은 자연스럽게 평형을 유지하는 것을 의미한다. 두 개 이상의 요소 사이에서 부분과 부분 또는 전체 사이에 시각 상의 힘이 안정되어 있으면 보는 사람에게 안정감을 주고 명쾌한 감정을 느끼게 한다. 또한 비례와 밀접한 관계가 있어 이 둘을 함께 생각하지 않고서는 공간을 향상시키기가 어려운 경우도 있다.

우리는 감각적으로 균형을 구하고 있지만 때로는 의도적으로 불균형을 구성 할 때도 있다. 여기서 우리는 디자인할 때 단조롭고 정지된 느낌의 대칭적 균형과 의도적으로 불균형을 의도해 시각적인 무게에 더 관심을 두는 비대칭적 균형으로 구분할 수 있다.

균형 잡힌 형태를 선호하는 것은 균형을 이루는 요인들에 의해 안정을 찾고 그로 인해 강한 흥미를 불러일으키기 때문이다. 균형이 잡혀 있는 모든 실내 및 건축에는 가령 형태, 방향, 배치, 색, 재료의 질감, 크기 등과 같은 요인들이 상호간에 복합적으로 연결되어 완성된다.

단순한 형태는 복잡한 형태보다 가볍게 느껴지며, 사선과 같은 방향을 가진 형태물들은 수평, 수직의 안정된 형태물들에 비해 무겁게 느껴진다.

또한 빨강과 파랑, 보라와 같이 선명한 색상들은 다른 파스텔 계열들에 비해 상대적으로 무겁게 느껴진다. 이와 같이 많은 요인들에 의해 실내의 균형을 계획하게 되는데 특히 가구, 카펫등과 같이 이동을 하는 소품류에 대해서는 색상, 질감, 배치, 크기, 형태 등 위에서 언급한 요인들을 신중히 고려하여 선택해야 할 것이다.

1) 균형의 종류

(1) 대칭적 균형

대칭적 균형의 경우 축을 중심으로 양쪽이 똑같이 배열되는 것을 말하며 많은 고전적인 건축물이 대칭적인 균형을 중시했다. 어느 시점에서나 동일한 형태를 갖기 때문에 완벽한 대칭을 이루는 유일한 구조로써 건축의 외관에서 많이 볼 수 있다.

대체적으로 완전대칭의 건축물은 권력과 질서를 상징하는 건축물에 집중적으로 나타나며, 대부분 중심에 돔과 같은 커다란 매스를 중심공간이 되도록 계획하였다.

그림 2.4.1 인도의 대표적 건축물인 타지마할은 장엄함과 권위감을 표현한 완전대칭의 균형을 볼 수 있는 기념비적 건축물이다.

그림 2.4.2 두 개의 건물이 중앙의 정원을 사이에 두고 완전대칭을 하고 있다. 솔크 연구소, 루이스 칸, 캘리포니아, 1965.

그림 2.4.3 좌우 완전대칭을 이루는 복도와 입구의 디자인.[1)]

그림 2.4.4 퍼블릭 서비스 빌딩, 마이클 그레이브스, 오레곤, 1981

그림 2.4.5 스타비오 주택, 마리오 보타, 스타비오, 이탈리아, 1980-1982

이러한 중심사상은 종교건축뿐만 아니라 주택에도 그 같은 사상을 엿볼 수 있다. 집을 소우주공간이라고 생각하여 우주론적 관점에서 집의 중심이 되는 공간에 불(벽난로)을 설치하였고, 건물의 평면에 중심성을 부여하고 대칭축을 강조하였다.

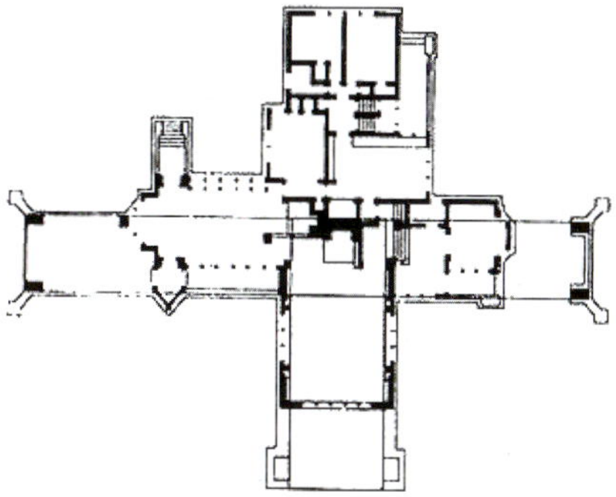

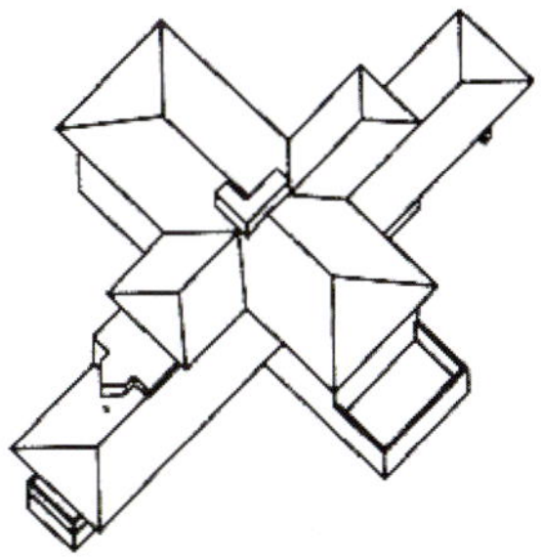

그림 2.4.6 십자형 평면을 중심으로 대칭축이 존재하며 그 중심에 벽난로를 위치하였다. 이는 집을 소우주로 보고 공간의 중심이 되는 곳에 불을 둔 것과 상통한다. 윌리츠 주택, 프랭크 로이드 라이트.[2)]

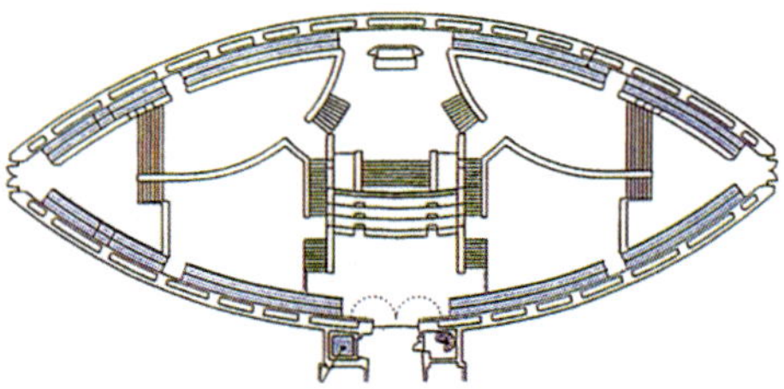

그림 2.4.7 럭비공을 연상케 하는 이 전시장은 축을 중심으로 하여 좌우대칭의 균형을 이룬 공간이다.[3)]

그림 2.4.8 구조벽을 중심으로 하여 소파가 완전대칭으로 배치되었고 로비의 중심공간이 되고 있다.[4]

그림 2.4.9 대칭적인 균형의 실내로 축을 중심으로 좌우 배열되어 있는 가구의 수와 배치가 똑같다.[5]

그림 2.4.10 스위스 수평 수직선으로 이루어진 바닥과 벽의 패턴이 엄숙하면서도 공간의 집중감을 주고 있다. 산 지오바니 바티스타 교회, 마리오 보타.

그림 2.4.11 완전대칭 구도의 실내배치 및 바닥과 벽의 절제 있는 패턴의 반복으로 인해 균형감을 느낄 수 있다. 후리버그 연방은행, 마리오 보타, 스위스, 1977–82.

(2) 비대칭적 균형

비대칭적 균형은 형태나 개체들을 자유롭게 배치하고 나열했다 하더라도 시각적인 무게의 정도가 같은 균형을 말한다. 즉 좌우의 대칭이 완전대칭이 아니더라도 눈으로 보이는 무게의 정도가 어느 한쪽으로 치우치지 않고 균형에 맞는 평형에 가까운 구성을 뜻한다. 따라서 틀에 박힌 구성이 아니라 자유로운 구성이기 때문에 전체적인 이미지는 동적이고 흥미롭다.

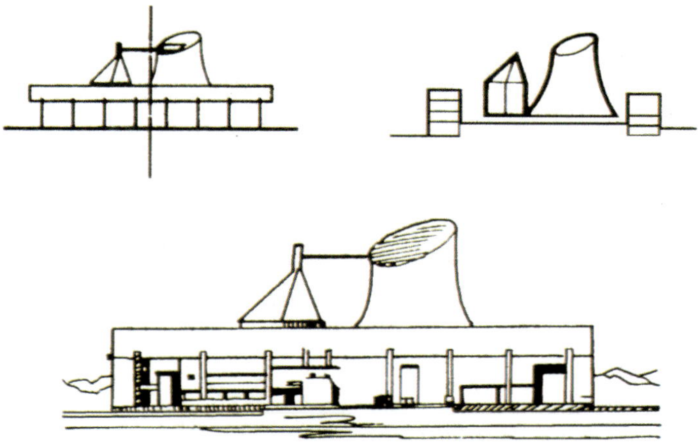

그림 2.4.12 샹디가르 국회의사당, 르 꼬르뷔지에, 인도, 1961–64.[6]

그림 2.4.13 완전대칭인 것처럼 보이지만 다양한 크기와 모양의 좌우 입면의 굴뚝과 창문이 비대칭적인 벽면의 디자인을 흥미 있게 표현하였다. 벤츄리하우스, 로버트 벤츄리, 펜실베니아, 1962.

그림 2.4.14 건물의 한쪽 면은 34도 경사진 피라미드를 거꾸로 뒤집어 놓은 형태이며, 반대쪽은 계단식으로 꺾어져 내려오는 형태로써 서로 비대칭적인 건물의 외형을 하고 있다. 텍사스의 뜨거운 태양을 피하기 위한 건축가의 설계의도가 잘 표현된 사례이다. 달라스시청, 이오 밍 페이, 1978.

(3) 방사상 균형

방사상 균형은 구심성을 가지며, 원의 중심에서 방사형으로 퍼지면서 동심원의 선들에 의해 형성된다. 즉, 중앙의 축을 중심으로 배열되며, 주위에 형태를 정확히 반복해서 배치할 수 있다. 따라서 방사상의 균형은 크게 대칭적이면서 정적인 배열과 비대칭적이면서 소용돌이 모양의 배치로 구분할 수 있다. 좋은 예로는 탁자가 중심에 배치된 식당, 실내 중앙의 샹들리에, 나선형 계단 등이 있다.

그림 2.4.15 방사상 균형으로서 원의 중심에서 방사형으로 퍼지면서 동심원의 선들에 의해 형성된다. 즉, 중앙의 축을 중심으로 배열되며, 주위에 형태를 정확히 반복해서 배치하고 있다.

2) 대칭과 건축양식의 관계

건축의 양식에서 좌우대칭이 중요한 원리로서 사용된 시점은 그리스시대부터 19세기 이전까지의 서양건축에서 많이 볼 수 있었다. 이때는 대칭을 건축의 중요한 조형수단으로 중시하는 경우로 역사적인 건축물들이 많았다. 그러다가 20세기 전반(1900년대에서

1960년까지)의 근대 건축가들에 의해 대칭의 개념을 일거에 소거해 버린 후, 다시 20세기 후반(1960년대 이후)의 포스트모던 건축에서는 대칭이 다시 살아났다.

?! **알고가기**

근대건축의 대칭성 소멸의 이유

- 철근콘크리트구조의 등장으로 20세기 전반(1900년에서 1960년까지)의 근대 건축에는 좌우 대칭의 개념이 더 이상 중요 시 되지 않았다.
- 근대이전의 건축의 소재는 돌이나 벽돌, 목재로 지어졌던 당시의 건축술로는 하중의 벽체를 통해 지반으로 균등하게 전달하여 견고 하게 짓는 것이 무엇보다도 중요했다. 따라서 평면상에 좌우의 벽체구성을 균등하게 배치하고 대칭축선상에 지붕의 꼭지점을 올려놓음에 따라 입면은 대칭이 될 수밖에 없었다.
  그러나 1920년대에 들어서면서 자유로운 평면의 개념이 르 꼬르뷔지에와 미스 반 데어 로에, 리트벨트 등에 의해 확산되면서 평면의 중심성이 깨지고 입면구성에서도 대칭의 중요성이 격감했다.

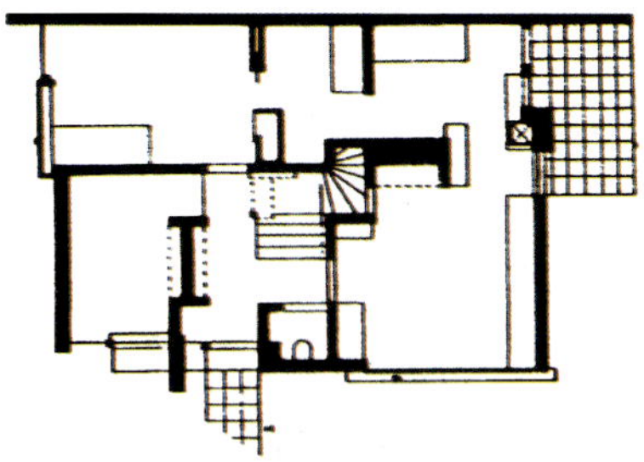

그림 2.4.16 슈레더 하우스, 게리트 리트벨트, 네덜란드 우트렉, 1924.

그림 2.4.17 비대칭적 구조의 낙수장, 프랭크 로이드 라이트, 1936.

20세기 후반, 즉, 1960년대 이후부터는 20세기 전반을 이끌어 오던 근대건축에 대한 반발이 형성된다. 무미건조한 상자곽과 같은 근대 건축의 획일성으로부터 벗어나려는 움직임이 싹트는데 이를 포스트모던 건축이라 부른다.

근대건축에서 벗어나려는 많은 시도 중에서 가장 두드러진 것은 과거의 역사주의적인 건축에서 나타난 대칭의 원리를 현대건축에 재생하는 것이었다. 근대건축이 과거의 건축양식을 철저히 배제했던 것에 비해 포스트모던 건축은 다시 입면에 지붕을 얹고 대칭성을 강조하였다.

좌우대칭의 입면구성을 취하는데 있어서 지붕부분의 처리는 매우 중요하다. 1980년대 탈근대건축의 주요사례에서 지붕처리의 공통점은 중심축선상에 박공 형태의 삼각지붕을 올려놓거나 반원형 아치를 올려놓는 것이다. 특히 스위스 출신의 건축가 마리오보타의 주택 작품에는 그러한 경향이 현저하다.

우리나라의 건축에서도 1980년대의 포스트 모던의 디자인의 영향을 받았다. 정면성이 추구되고 정면의 대칭축 상부에 삼각형 박공지붕과 반원형 아치를 얹어 놓는 수법으로 나타났다.[7)]

그림 2.4.18 포스트모던의 대표적인 건축가로서 50층 높이의 건물 위에 박공의 디자인을 적용하였다. AT& T 사옥, 필립 존슨, 뉴욕, 1984.

?! **알고가기**

마리오 보타(Mario Bota)의 샌프란시스코 현대미술관(1990-1995)

그의 건축은 매우 대칭적인 균형의 외형을 추구하고 있으며, 대부분의 파사드는 기하학적 형태의 홈이 파인 띠와 매우 디테일한 구조로 구성되어 있다. 특히 샌프란시스코의 현대미술관은 박스형의 외관형태와 평면구성, 그리고 채광형식을 하고 있으며, 단순하게만 보이는 건물의 기하학적인 매스감과는 달리 다양한 볼거리를 제공해주는 실내의 공간적 교류를 제시하여 미술관 설계를 성공적으로 수행하였다.

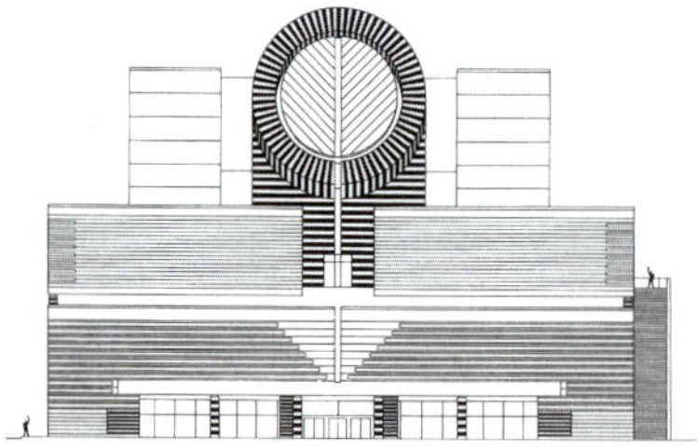

그림 2.4.19 샌프란시스코 현대미술관, 마리오 보타, 1995.[8]

■ 마리오 보타의 건축세계

마리오 보타는 1943년 스위스의 멘드리시오(Mendrisio) 출신으로 루가노(Lugano)에 있는 건축회사에서 제도사로 일하다가 1961년부터 4년간 밀라노의 예술학교를 다녔으며, 1965년부터는 베니스에 있는 르 꼬르뷔제와 루이스 칸 사무소에서 일하며 본격적으로 건축에 입문하였다. 1970년에 루가노로 가서 자신의 사무소를 개설하였으며, 1971년에는 그의 대표작 가운데 하나라 할 수 있는 카데나쪼(Cadenazzo)의 단독주택을 시작으로 1990년대 초기까지 주택 이외의 건축유형은 설계하지 않았다. 그러나 최근에 들어서는 세계적인 건축가의 명성과 함께 세계 곳곳에서 대규모 프로젝트 설계를 수행하고 있다.

그의 건축적 특성은 루이스 칸(Louis Kahn)이나 르 코르뷔지에의 그것과 비교된다. 빛의 처리와 기하학의 추구라는 점에서도 그러하지만 보다 설득력이 있는 설명으로는 디자인과 그 디자인의 바탕을 이룬 이론적 해석의 일치가 아닐까 싶다. 그는 드로잉에 대해 타고난 재능을 가졌던 것으로 알려지고 있으며, 자신의 건축 작업을 소개한 글에서는 이에 대해 다음과 같은 설명을 부가하고 있다. "나는 드로잉을 할 때 연필이 내 작품 속에 숨어 있는 아이디어와 느낌, 그리고 메시지를 적절하게 조사하고 있다는 생각을 가진다. 이러한 작업을 발전시켜 나가는 과정을 통해 문제를 표현하는 가장 빠른 길을 발견하곤 한다....건축적 아이디어에 대한 해석과 연구과정은 드로잉을 말로써 표현하려고 할 때보다 제도판 위에서 연필의 움직임을 조사할 때 훨씬 쉽고 자연스럽다". 드로잉을 통한 그의 작품생성 과정은 건축가들을 다루고 있는 여러 종류의 잡지나 작품집의 마리오 보타 부분에는 유난히 드로잉이 많이 담겨있다는 사실로도 확인할 수 있다.

그의 대표적인 작품은 카데나쪼의 단독주택(1971), 리고르네토(Ligornetto)의 단독주택(1976), 스타비오(Stabio)의 단독주택(1982), 다로(Daro)의 단독주택(1992) 등이 있다. 주택 이외의 작품으로는 티치노의 중학교(1977)와 루가노의 은행(1988), 벨린조나(Bellinzona)와 루가노의 주상복합 건축물(1991) 등을 꼽을 수 있으며, 프랑스 파리 인근의 이브리 신도시에 건설된 성당 등이 있다.

그의 건축세계는 강력한 기하적 형태, 홈이 파인 띠로 구성되는 파사드, 그리고 철저하고도 환상적인 디테일의 3대 요소로 특징 지워진다.

특히, 그는 스위스의 티치노(Ticino)를 거의 떠나지 않고 있을 뿐만 아니라 최근에 이르기까지도 주택 이외의 작품을 설계한 경우가 거의 없는 까닭에 세계건축계에서는 <티치노=마리오 보타=지역적 특성>이 강하게 표방된 주택을 일련의 등식으로 이해하고 있다.[9)]

1. 루가노의 란실라 I 빌딩(1981-85)

그림 2.4.20 란실라 I 빌딩, 마리오 보타, 스위스, 루가노, 1981-85.[10)]

루가노의 란실라 빌딩은 역사적 중심지인 광장에 면한 모서리 대지에 20세기 건축의 불변성을 재구축하려는 주변 도시 구조를 최대한 이용하고 있다. 단일한 매스의 볼륨은 크게 안으로 파여져 들어가 있으며, 건물 안으로 들어가 있는 개구부는 목재에 의해 정상부가 인식되어지는 일종의 모서리 부분의 타워를 개별화시켜주고 있다.

2. 리바 산 비탈레 주택(1972-73)

루가노 호수의 구릉 위, 산 조지오의 산자락에 위치하고 있는 이 건물은 산과 건물사이에 금속의 다리로 연결되고 있으며, 주변 환경과의 조화를 이루고 있다. 매스의 기하학적인 절삭과 네 군데의 모서리에 의해 실질적으로 규정되고 있는 이 건물은 수직축을 구성하였다. 이로 인해 건물의 내부와 외부는 다양한 레벨에 의해 분절 되어지는 주변 벽체에 의해 생긴 테라스의 형태로 인해 통합되고 있다.[11]

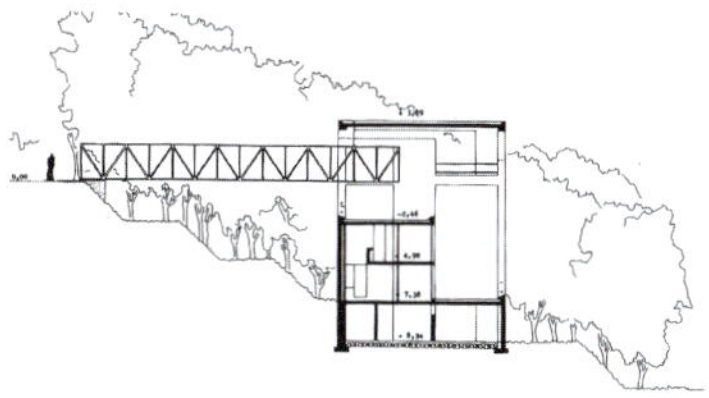

[참고문헌]

1), 3), 4) 이소테리아, Interior Planning Document, Prot Galaxy Inc., 1999

2), 6), 7) 김홍기, 건축조형 디자인론, 기문당, 2001

5) Maggie Stevenson, Architectural details, Ryland Peters, 2002

8) Alejandro Bahamon, Sketch · Plan · Build, Collins Design, 2005

9) ~ 11) Francesco Dal co, 김홍기 역, Mario Botta, 기문당, 1992

5. 리듬

건물의 실내 및 외부에서 보여지는 리듬이라는 조형적인 원리는 보는 사람들로 하여금 시각적으로 공간에 대한 정돈함을 느낄 수 있으며 음악과 같이 공간에 대한 시간적인 흐름을 부여한다. 마치 음악을 들으며 공간과 함께 춤을 추듯이 사람은 건축의 모티브와 함께 리듬감 있게 변화하는 관계를 즐기면서 공간의 연속과 변화를 느낀다.

따라서 많은 디자이너와 건축가들이 실내건축은 음악의 리듬과 연관성이 있다고 이야기하고 있다. 음악에는 일정한 멜로디가 반복되어 음의 높고 낮음이 서로 반복되어 리듬이 만들어지기 때문이다. 물론 같은 음이 반복되는 부분도 있지만 불규칙적으로 강약의 부분이 표현되기도 하여 변화에 의해서도 생성된다.

이와 같이 음악에도 규칙적인 패턴이 반복되어 리듬이 생성되듯 건축과 실내에서도 리듬을 형성하는 요인으로 다음과 같다.

1) 반복

반복적인 형태, 크기, 문양, 색, 선, 질감, 재료 등의 요소들이 연속적으로 반복하여 나타나는 원리를 말하며 리듬을 느끼기에 충분하다. 리듬을 위해 형성되는 반복적인 요인들은 다음과 같다.

(1) 같은 패턴의 반복에 의한 리듬

그림 2.5.1 킴벨미술관, 루이스 칸, 텍사스, 1972.

그림 2.5.2 스위스국립스포츠센터, 마리오 보타, 1998.

그림 2.5.3 직사각형의 테이블과 조명의 패턴이 반복, 나열하여 리듬감을 표현한다.

건물 내부와 외부에 나타난 규칙성 있는 패턴의 반복 원리에 의한 사례로써 킴벨 미술관은 얇은 콘크리트로 된 반원형의 볼트 구조를 반복 배치하였다.

그림 2.5.4 방글라데시아 국회의사당, 루이스 칸, 다카, 1962-1974.

방글라데시아의 국회의사당은 좌우 대칭형의 건물로 외벽에 기하학적인 개구부를 두어 극적인 대비를 주고 있으며, 벽면에 표현된 삼각형, 원형, 사각형의 창모양이 반복되어 나타나고 있다.

그림 2.5.5 수직적인 리듬감을 느낄 수 있는 산피에트로 광장의 열주는 규칙적으로 반복되어 나열되어 있다. 산피에트로 광장, 베르니니, 로마 바티칸, 1957.

그림 2.5.6 외벽에서 돌출된 기둥들이 규칙적으로 반복되어 있으며 강한 수직적인 리듬감을 느낄 수 있다. 오카야마서경찰서.

그림 2.5.7 정식적인 기하학적 패턴의 규칙적인 반복과 유기적인 곡면체의 조화로 리듬이 표현되었다.[1]

그림 2.5.8 기하학적인 형태가 반복 배치되면서 생긴 입체적인 벽면이 불규칙적인 리듬감을 표현하였다.[2]

그림 2.5.9 다양한 색상의 사각패턴의 바닥과 불규칙적으로 배치된 벽면의 책장은 규칙적인 리듬과 불규칙적인 리듬이 표출된 조형적 이미지를 보여주고 있다.[3]

그림 2.5.10 디스플레이를 하기 위한 벽면의 디자인으로서 각진 모양들이 서로 불규칙적으로 배열되어 리듬감을 나타내고 있다.[4)]

(2) 동일한 매스의 적층 및 분절에 의한 리듬

커다란 매스를 일정한 간격으로 분절한 후 리듬감을 표현하였다. 이렇게 생성된 벽체는 건물의 구조적인 리듬을 주어 조형성 있는 건축물로 기억된다.

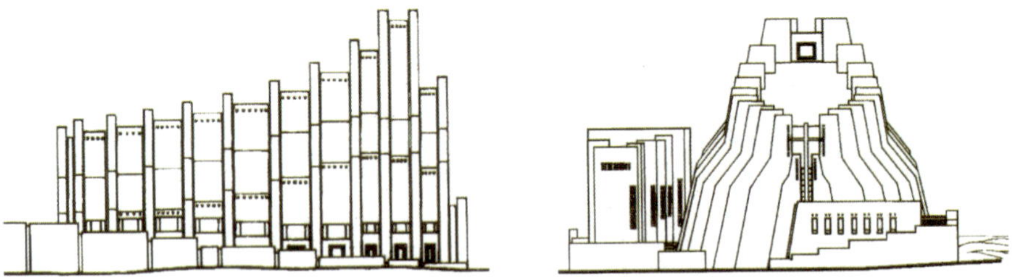

그림 2.5.11 건물의 외형을 규칙적으로 요철을 주어 분절시켜 연결함으로서 강한 수직적인 리듬감을 표현했다. 본동교회, 우시용, 서울, 1993.

그림 2.5.12 수학적 비례로 커지는 분절된 벽면의 사례. 김옥길 기념관, 김인철, 서울, 1998.[5)]

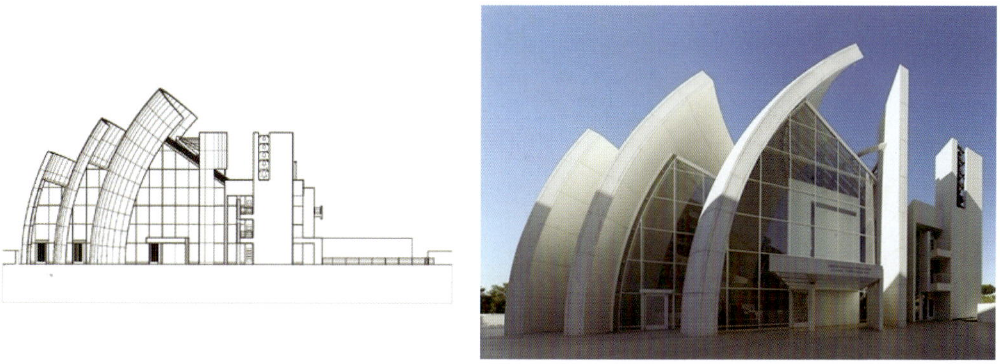

그림 2.5.13 흰색의 솔리드한 벽면과 유리의 보이드한 벽면이 규칙적으로 분절하여 리듬감을 추구하였다. 주빌레교회, 리차드 마이어, 로마, 2000.

그림 2.5.14 자유로운 곡면의 매스가 서로 적층을 하여 독서공간을 형성하였다. 반복되면서 형태들이 서로 자유롭게 위치함으로써 리듬감을 더해준다.[6)]

그림 2.5.15 캡슐타워, 구로가와 기쇼, 동경, 1972.[7)]

140개로 이루어진 박스형 캡슐이 볼트로 조립되어 있다. 각각 2.3x3.8x2.1m규모의 주거캡슐이 규칙적이며 반복적으로 쌓아올린 모양으로 리듬감을 형성하고 있다. 내부는 stereo tv, 냉장고, 공조기, 침대, 책상 등 가구 설비가 유닛화 되어 있다.

그림 2.5.16 각 층을 겹겹이 쌓아 반복하여 볼륨감을 표현하였다. 소피텔 도쿄.

(3) 색의 반복에 의한 리듬

그림 2.5.17 노인용 집합주택의 돌출된 베란다의 미묘한 배치와 색상들에 의한 리듬감, 암스텔담.

그림 2.5.18 화려한 색채나 직선을 배제하고 구성하여 예술적인 감각을 전면에 표현한 작품이다. 훈데르트바써 하우스, 빈.[8]

그림 2.5.19 규칙적으로 반복하여 돌출된 구조체와 벽면의 색들이 어울려 아름답게 표현되었다. 약학연구센터, Sauerbruch Hutton Architects, 독일, 2002.[9]

2) 점진(gradation)

점진적 리듬은 점차적으로 바뀌는 유사한 요소들을 이용하는 구성 속에서 존재한다. 변화는 크기, 높이, 색의 채도나 명도, 질감, 또는 형태 중 하나일 것이다. 색상의 채도가 점차적으로 달라지는 것도 점진적인 리듬에 속한다. 형태의 크기가 점점 커지거나 길어지거나 작아지는 형상, 그리고 모양이 점점 다른 모양으로 바뀌어 가는 형상들도 마찬가지이다. 불규칙적인 배치는 그 대비로 인해 더욱더 흥미롭다.

그림 2.5.20 하늘로 솟는 듯한 이 빌딩은 위로 갈수록 점점 작아지는 형태와 노란색의 반복으로 리듬감을 표현하고 있다. 타이페이101.[10]

그림 2.5.21 공간의 단차를 두어 수평, 수직의 방향으로 수직 이동하는 공간의 연결은 매우 리듬이 있다. 라비린스, 도쿄[11)]

3) 대비

대비는 색과 색의 대비, 재료와 재료의 대비, 옛것과 새것의 대비, 무거운 면과 가벼운 면의 대비, 빛에 의한 명암의 대비 등 다양한 요소에 의해 구별된다.

건물과 실내에 적용된 대비(대조)의 원리는 위치, 방향, 색, 질감, 패턴, 빛 등과 같은 다양한 디자인적 요소들의 대비현상에 의해 공간의 특이함과 재미를 주고 통일과 조화로운 공간 안에서 리듬을 표현하는 것이다.

그림 2.5.22 닫힌 면과 열린 면의 대비에 의한 조형적인 측면을 볼 수 있다. 리바 산 비탈레 주택, 마리오 보타, 1971.

그림 2.5.23 울름대성당과 모던한 디자인의 백색 전시관이 서로 대비를 하고 있다. 리차드 마이어, 울름, 독일.

그림 2.5.24 신구의 명확한 대조를 이루고 있다. 메이지생명관, 도쿄.

그림 2.5.25 어두운 공간에 빛이 투입됨으로써 공간의 강한 명암의 대비를 느낄 수 있다. 라뚜렛트 수도원, 프랑스.

그림 2.5.26 반투명한 계단사이로 실루엣이 비침으로서 공간의 명암을 표현하였다. 카 레 다르, 프랑스.[12)]

또한 실내공간에서의 선의 방향이나 움직임을 표현할 수 있는 패턴에 의해서도 대비를 줄 수 있다. 이러한 패턴은 공간을 형성하고 있는 바닥, 벽을 포함하여, 각종 형태물들의 표면에서도 디자인 할 수 있다.

벽면의 창살의 문양의 변화를 통해 대조를 줄 수 있으며 바닥의 카펫 또는 러그와 같은 소재의 패턴을 디자인할 수 있고, 가구에 씌어져 있는 천 소재들의 다양한 패턴 등에서 변화를 줄 수 있다. 선의 다양한 패턴에는 반복, 교체, 점진과 같은 다양한 원리들이 포함된다.

그림 2.5.27 기하학적 구성의 실내공간에 자유곡선의 유기적인 가구들이 서로 대조를 이루고 있다.[13)]

이와 더불어 재료와 재료의 대비는 적절한 공간에서 다른 재료로 교체해주어 다양한 변화를 주는 방법이다. 바닥과 같은 부분은 다양한 재료를 사용할 수 있는 장점이 많다. 그러므로 바닥의 재료 사용으로 충분이 대비의 효과를 주어 신선한 공간으로 만들 수 있다.

예를 들어 나무와 돌이 사용된 바닥면에 금속, 유리, 물, 자갈, 모래, 흙, 잔디 등과 같이 다양한 재료를 혼합하여 사용함으로써 공간의 대조를 줄 수도 있다.

그림 2.5.28 유리의 사용으로 차가운 느낌의 욕실분위기를 대비가 되는 나무를 사용함으로써 따뜻한 분위기로 자연스럽게 연결하였다.[14]

그림 2.5.29 같은 공간에 서로 다른 재료를 혼합하여 사용한 벽과 바닥의 사례, 대리석과 나무, 나무계단과 유리계단이 서로 대비를 이루고 있다.[15]

공간 안의 형태물의 방향에 변화를 준다. 즉, 수평, 수직과 같은 정식적인 이미지에서 각도의 대비를 준다면 고요함 속에 변화를 찾을 수 있다. 대비를 준다는 것은 재료와 패턴 등을 사용할 수도 있으며 공간을 포함한 형태물들의 면을 기울이거나 방향을 바꾸어 대비를 시킬 수도 있다.

그림 2.5.30 정식적인 공간 안의 또 다른 공간을 계획할 때 각도의 변화를 주어 강한 매스감과 대비감을 표현하였다.[16)]

발터 그로피우스(Walter Gropius, 1883-1969)의 건축세계

그로피우스는 독일 출신의 건축가로서 근대 건축의 4대 거장(르 꼬르뷔지에, 프랭크 로이드 라이트, 미스 반 데어 로에와 함께)의 한 명으로 건축교육에 지대한 관심과 정력을 모아 건축교육의 바탕이 된 바우하우스를 개설하여 독일공작연맹의 이념을 계승하였다. 칸딘스키, 클레, 모홀리 나기, 슐렘머 등의 교수진을 두어 건축 · 공예 · 회화를 통하여 새로운 디자인과 아이디어를 가르치게 하여 우수한 디자이너를 양성하였다.

20세기 초 피터 베렌스의 사무소에서 미스, 그로피우스, 꼬르뷔지에가 작업을 하고 경험을 쌓았으며, 1911년에 그로피우스는 파구스 공장(Fagus Werk)을 설계하면서 노출된 구조와 스틸 프레임(Steel Frame)에 삽입된 유리와 패널로 조립된 커튼 월(Curtain Wall)이라는 새로운 개념을 벽에 도입하였다. 커튼 월은 종래의 벽체와 구조가 일치해 온 것을 탈피하여 외벽이 구조의 제약을 받지 않아 입면이 자유로와진 방식이다.

1933년 나치정권에 의해 바우하우스가 해산된 후 그는 1937년 하버드대학의 교수가 되었고, 제자 마르셀 브로이어와 함께 미국 근대건축의 육성을 추진하였다. 발터 그로피우스는 총체적인 미술을 완성하기 위하여 건축을 향하여 나아가자고 하였으며, 근대디자인 교육의 기초이론을 확립하였고 인간 중심의 기능주의를 강조하였다.

1. 바우하우스(데사우, 1926)

2. 바우하우스 스튜디오 + 기숙사(데사우, 1926)

3. 파구스 구두 공장(독일, 1911)

[참고문헌]

1), 2), 13), 15) Silvio San Pietro & Antonella Boisi, Urban interiors 4, Edizioni L'archivolto, 2004

3), 6) Michael J. Crosbie, Class architecture, Images, 2001

4) Interior Design, Cahers, July, 2007

5) 김홍기, 건축조형 디자인론, 기문당, 2001

7), 8), 10)~12) 일본건축학회 편, 한영호 박소영 공역, 공간디자인 이해, 기문당, 2007

9) Alejandro Bahamon, Sketch · Plan · Build, Collins Design, 2005

14) Interior Design, Cahers, Aug, 2007

16) Interior Design. Cahers, Sept, 2007

6. 조화(다양성과 통일성)

다양성이란 질서에 의존하면서 흥미 있게 구성된 상태를 말한다. 결국 다양성에 질서가 결합될 때 사물은 아름다워 보이며 질서가 결여된 다양성은 복잡하게 보이며 미적 가치가 저하되어 보인다.

두 개 이상의 형태물들과 색들의 상호관계에 대한 내적 가치 판단으로서 그들이 서로 분리되어 보이지 않고 통일된 전체로서 평가할 때 조화가 이루어진다. 즉, 부분과 부분 또는 부분과 전체 사이에 안정감을 주면서도 공감을 일으킬 때 조화가 성립된다.

그림 2.6.1 동색계열의 색상을 적절히 배합하여 조화를 이룬 실내의 사례.

그림 2.6.2 파란색의 동색계열로 통일감을 준 요코하마의 미나토리역의 전경, 요코하마, 일본.

그림 2.6.3 3색조화의 어린이방의 이미지, 서로 보색의 색상들이 어울려 생동감 있고 조화로운 방으로 계획되었다.

우리는 흔히 두 가지 이상의 형태가 모두 동일하거나 유사할 때 그들은 완전히 조화되고 있다고 생각할 수 있으나, 오히려 단조롭다. 따라서 조화가 잘된 경우는 형태물들 간에 공통성이 있으면서 동시에 무엇인가의 차이가 있을 때 얻어지는 것이 보통이다. 여기서 말하는 무엇인가의 차이란 서로 다른 형태물들이라 할지라도 서로의 관계가 통일감 속에서의 차이를 뜻한다. 즉, 대조, 대비, 반복의 의미가 포함 되어 있다고 볼 수 있다.

- 녹색의 식물이 있는 공간의 벽면과 소파의 색계열을 동색 계열로 배치(반복)
- 대리석 바닥재 위에 깔린 동양풍의 카펫(대비)
- 원형의 우물천장 아래에 위치한 원형 테이블
- 직선으로 이루어진 공간 안의 자유곡선 핸드레일(직선과 곡선의 대비)
- 녹색으로 둘러싸인 자연 속의 현대주택(대비)

그림 2.6.4 원형의 천장과 테이블이 반복되어 조화를 이루고 있다.

그림 2.6.5 복도 벽면의 원형 홀이 규칙적으로 반복되어 통일감을 주고 있다.

그림 2.6.6 도쿄 시부야에 위치한 건물의 외관, 솔리드한 건물의 벽면에 원형의 창들이 자유롭게 반복되어 조화를 이루고 있다.

그림 2.6.7 원형의 창과 세면대가 반복되어 조화를 이루고 있다.[1]

그림 2.6.8 바닥의 원형 패턴과 천장의 원형 조명박스가 반복하여 통일감을 주고 있다.[2]

그림 2.6.9 원형의 디스플레이용 데스크와 천장의 조명박스가 서로 반복하여 대칭하면서 조화를 이루고 있다.[3]

그림 2.6.10 전체 건물은 3개의 구역으로 나누어져 있으며, 기하학적 형태의 사각형을 크기를 다양하게 조절하여 서로 직교하거나 결합함으로써 반복과 리듬속에 조화의 원리를 추구하였다. 시드니 올림픽 선수촌 아파트, PTW Architects, 오스트레일리아, 1995.

그림 2.6.11 원형으로 잘라낸 집합주택의 입구 광장, 벽면의 색채는 서로 대비효과를 발휘하여 조화를 이루고 있다. 더 서클, 런던

이와 같이 통일성과 다양성이 있는 공간은 색이든 모양이든 서로 다른 형태물들이 조화가 잘 된 공간이라고 할 수 있다.

또한 공간의 조화는 공간을 연속성으로 생각하여 변화를 줄 수 있으며 그 공간은 다양함속에 통일감이 존재할 것이다. 즉 스토리라인을 두어 다양한 공간을 계획한다. 여기에서 우리는 르 꼬르뷔지에의 빌라 사보아를 예로 들어 분석해 보고자 한다. 1930년에 완공된 빌라 사보아는 단순하지만 예술적 감각을 느낄 수 있으며 공간의 다양성을 엿볼 수 있다.

움직임을 통한 공간의 다양성

- 르 꼬르뷔지에의 빌라 사보아

1930년에 완공된 빌라 사보아는 콘크리트로 지어진 건축물임에도 불구하고 매우 순수하며 투명하다. 엄격한 골조에 따라 세워진 가느다란 필로티 위에 세운 이 집은 차단막 없이 뻥 뚫린 지붕과 가로로 긴 창이 있는 마치 공중에 떠있는 상자와도 같다.

주요 방들은 실내 테라스 겸 정원을 향하고 있으며, 경사로는 지붕 겸 테라스 겸 일광욕실로 통하여 마치 실내의 각 공간들이 리듬을 타는 듯한 산책로의 의미가 담겨 있는 작품이다. 결국 빛이 만들어 내는 공간의 다양함은 풍부한 언어를 만들어 주었고 그의 특유의 오브제적 예술적 감각이 충분히 표현되었다.

■ 보이지 않는 정면을 가지고 있는 건물을 들어서면 휘어진 곡면의 벽이 진입방향 반대쪽 입구로 유도한다.

■ 현관에 들어서면 기둥, 칸막이 벽, 창과 개구부, 계단과 램프 등과 함께 또 다른 빛이 만들어내는 실내공간의 다양한 장면들을 체험할 수 있다.

■ 전혀 예측하지 못하는 곳에서 전혀 다른 모습의 다양한 공간의 장면들이 숨어있다. 사람들은 움직여야만 이러한 공간을 체험할 수 있고 다양함을 느낄 수 있다.

■ 자하 하디드(Zaha Hadid, 1950-)의 건축세계

1950년 이라크 바그다드 출신으로 이 시대 최고의 여성 스타 건축가이자 해체주의 건축가로 유명하다. 1971년 바그다드 베이루트 아메리칸 대학교에서 수학전공을 마친 그녀는 1972년 영국 런던의 AA School에서 유학하였고, 1977년 졸업 후 렘 쿨하스의 OMA(Office for Metropolitan Architecture)에서 일했다. 그 후 1980년 영국에서 Eigenes Buro 라는 개인 사무소를 열게 되고 미국의 콜럼비아와 하버드에서 객원교수로 재직하고 있다. 1983년 홍콩의 (The Peak Club) 현상설계에 당선되어 세계적으로 알려지게 되었고 이로부터 왕성한 건축 활동을 해왔다.

하디드의 건축은 공간은 무한대로 끊임없이 확장되고 있는 것이 특징이고 관찰자로 하여금 시각적 긴장과 경외심을 갖게 하는 형태적, 공간적 유인력의 응집이라 할 수 있으며, 평면과 입체의 구성을 통해서는 기존의 상식적인 방법에서 탈피하는 추상적 경향을 보이고 있다. 또한 비구조적인 모습들은 오히려 구조적으로 자리 잡고 있으며, 단순한 깨짐이나, 쪼개짐, 분쇄 및 관통은 아니다. 파괴하는 것처럼 보이나 새로운 구조로 존재하며, 궁극적으로 불안한 것 같은 건축의 형태가 강력하게 건축물을 존재시키며, 보면 볼수록 오히려 완전한 형태의 완성점을 이루어내며, 어디가 불안정한 형태인지 어디가 완전한 형태인지 인식할 수 없게 얽혀져 있다.

자하 하디드는 여러 국제 건축 공모의 입상하였으며 기존에 존재하지 않았던 독창적이고 특이한 건물을 짓는 것으로 알려져 있다. 2004년에는 독일의 라이프치리히의 BMW공장으로 여성으로는 최초로 건축의 노벨상이라 불리는 프리츠커상을 수상했다. 2006년 자하 하디드는 뉴욕 구겐하임 미술관에서 회고전을 가졌고, 같은 해 베이루트 아메리칸 대학교의 명예 학위를 받기도 하였다.

우리나라에도 2007년에 지금의 동대문 운동장에 조성될 공원과 월드디자인플라자가 '환유의 풍경' (Metonymic Landscape)이라는 이름으로 당선되어, 2010년에 완공될 예정이다.

1. 비트라 소방서(1994, 독일)

비트라 소방서는 사선의 벽으로 이루어진 사다리꼴의 형태가 서로 중첩하여 연결하고 있으며, 대지의 경계벽에서 조금씩 확장된 건축으로 자전거 보관소, 탈의실, 집합장소, 2층의 모임장소 등으로 구성되어 있다.

2. 동대문 '환유의 풍경'(완공예정)

거대한 물결모양의 역동적인 랜드마크 건축물로 다시 태어난 '환유의 풍경'은 동대문 운동장을 재건축하였으며, 서울의 대표적인 상징물이 되었다. 유선형의 건물과 공원의 형태는 공간의 유연성을 보여주고 있으며, 다양한 문화적, 역사적, 사회적, 경제적인 요소들을 환유적으로 통합하여 하나의 풍경을 만들었다. 또한 디자인의 미래와 한국적 전통이 함께 어우러져 건물의 내·외부를 자연스럽게 연결시키고 있으며 디자인의 모티브가 되었던 성벽은 소용돌이와 같은 전체 건물의 중요한 부분을 차지하였다.

3. BMW공장(독일, 라이프치리히, 2006)

공장단지의 두뇌라고 일컬어지는 센트럴빌딩을 중심으로 부속건물과 공장이 분산되고 다시 연결되면서 시원시원하게 뻗어나가는 형태로써 매우 역동적인 건물로 설계되었다. 공장이라고 보기에는 조형성이 뛰어난 이 건물은 진부한 공장건물에 대한 이미지를 바꿔준 좋은 사례가 되고 있다.

[참고문헌]

1) Terence Conran, The Essential House, Crown New York, 1994
2), 3) Interior Design, Cahers, Sep, 2007

제 3 장 기초실내디자인 실습

1. 공간

Project Ⅰ - 공간과 공간의 연결

〈주 제〉

3차원적인 형태물들, 즉 공간과 공간은 다양한 축과 방향성에 의해 위치하며, 이때 공간들은 다양한 연결방법들을 적용하여 연결된다.

❶ 연결하기

❷ 통과하기

❸ 방향전환하기

❹ 둘러싸기

❺ 투과하기

❻ 띄우기

〈목적〉

❶ 다양한 축과 방향성을 적용한 비례와 균형의 원리에 적합한 공간의 연결한다.

❷ 주체적 공간, 부수적 공간, 종속적인 공간 등 다양한 규모의 공간들을 연결한다.

❸ 서로 대비되는 공간들의 위치를 선정하고 축과 방향성을 도입하여 변화를 준다.

❹ 공간들은 매스화된 형태물로 구성하여 연결한다.

〈전개방법〉

제작기간: 3주

❶ 다양한 크기의 기하학적 형태와 유기적인 형태들을 활용한다.

❷ 서로 연결되는 공간들의 비례를 인식하고 균형을 이루도록 한다.

❸ 수평, 수직, 깊이의 차원을 이해하면서 연결한다.

〈준비물〉

❶ T3mm 우드락, 아이소핑크

❷ 접착제

〈TIPS〉

주체적 공간이 실외든, 실내든 주된 위치를 차지함으로 크기가 가장 크며, 부수적 공간은 주체적 공간을 보완하며 주체적인 공간과 연결될 때 대립을 이루거나 평행을 이룰 수도 있다. 종속적 공간은 완성될 공간들에 흥미를 주며 그 외 다른 공간들과 대비를 이룬다.

학생작품 결과물 사례

그림 1.1

그림 1.2

그림 1.3

그림 1.4

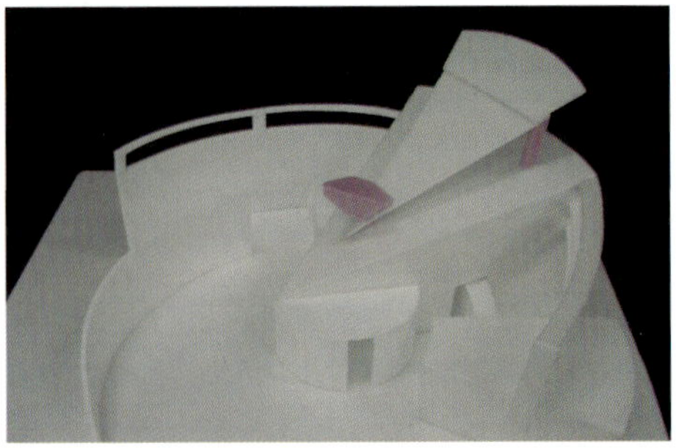

그림 1.5

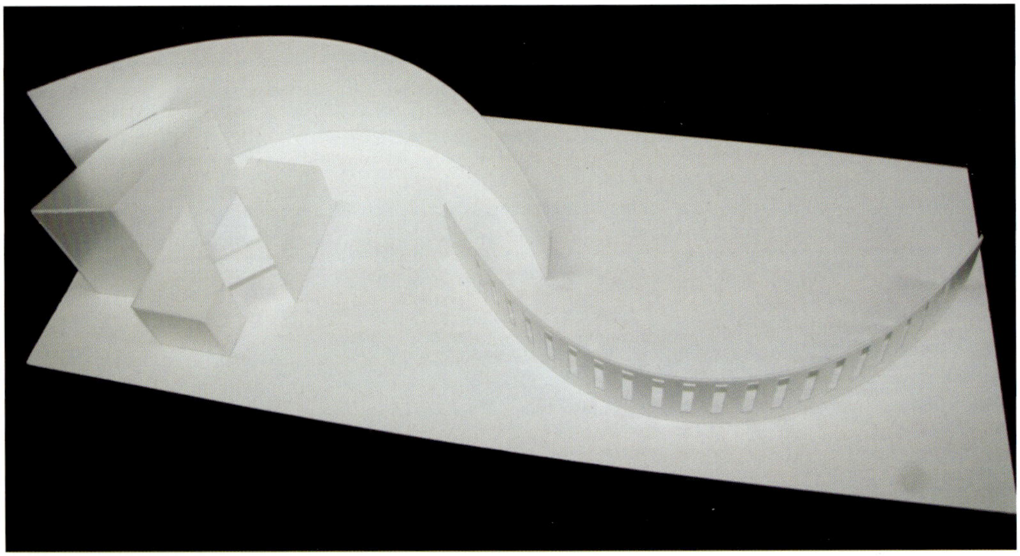

그림 1.6

2. 형태

Project Ⅱ - 기하학적 형태와 자연적 형태의 결합

* 다양한 기하학적인 형태와 곡선으로 이루어진 자연적인 형태들을 적용한 적극적인 형태와 소극적인 형태의 매스와 볼륨을 적용한 입체물 작업

〈주제〉

직육면체와 곡면체 그룹의 축의 방향을 적용한 다양한 움직임이 있는 형태의 결합을 통한 입체물을 제작해 본다.

〈목적〉

❶ 주체적, 부수적, 종속적 관계를 이해한다.

❷ 역동적인 관계에 있는 곡면체의 구성을 통하여 고유의 비례, 상대적 비례, 전체의 비례를 파악한다.

❸ 부피, 비례 특성에 더해 사선의 축을 적용하여 방향성과 힘의 균형을 유지하도록 한다.

❹ 축의 위치를 정하여 시각적인 연속성을 이루도록 한다.

❺ 주체적, 부수적, 종속적 관계는 형태의 크기와 부피감뿐만 아니라 축의 움직임에 의해서도 영향을 받는다는 것을 인지한다.

〈전개방법〉

– 제작기간: 3주

❶ 3개 이상 6개 이하의 기하학적인 형태와 곡면체를 선택한다.

❷ 상호간의 결합을 통해 공간상에 표현될 흥미로운 형태들의 움직임을 만들어 내기 위하여 사선축을 적용해 본다.

❸ 완성된 작품이 가능한 모든 각도에서 보았을 때 어느 한쪽으로 치우치지 않도록 균

형을 이루면서 배치한다.

〈준비물〉

❶ T3mm 우드락, 아이소핑크, 기타 보드류

❷ 접착제

학생작품 결과물 사례

그림 2.1

그림 2.2

그림 2.3

그림 2.4

그림 2.5

3. 면

Project Ⅲ – 면의 공간구성 I

* 수직, 수평, 사선의 축에 의한 면들의 구성

〈주제〉

직사각형과 정사각형으로 이루어진 면들의 그룹을 서로 결합하면서 수평, 수직, 사선의 축을 적용하여 공간에서의 다양한 변화속에서 균형감 있는 입체물을 제작한다.

〈목적〉

❶ 전체적인 공간 속의 면들의 연결 관계를 이해한다.

❷ 면들의 구성을 통하여 전체의 비례를 파악한다.

❸ 솔리드와 보이드 되는 부분의 면들의 결합을 구성하여 변화를 준다.

❹ 사선의 축을 적용하여 면들의 방향과 면적의 균형을 유지하도록 한다.

❺ 주체적인 면, 부수적인 면, 종속적인 면들의 관계는 형태의 크기와 부피에도 영향을 주기 때문에 조화롭고 통일감 있는 입체물로 제작할 수 있도록 한다.

〈전개방법〉

– 제작기간: 3주

❶ 완성될 전체적인 입체물을 스케치한다.

❷ 스케치된 가상의 작품을 미니어처로 제작하여 틀을 잡는다.

❸ 완성될 실제작품의 규모는 400(W)×400(D)×400(H)내에서 작업한다.

❹ 완성된 작품이 가능한 모든 각도에서 보았을 때 어느 한쪽으로 치우치지 않도록 균형을 이루면서 배치한다.

〈준비물〉

❶ T3mm 우드락, 기타 보드류

❷ 접착제

학생작품 결과물 사례

그림 3.1

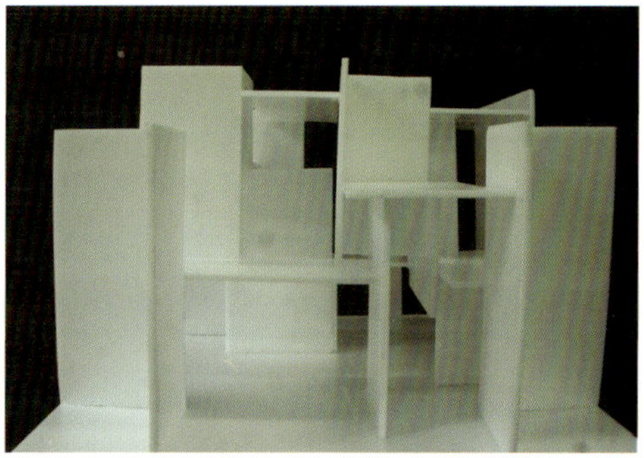

그림 3.2

그림 3.3

Project Ⅳ - 면의 공간구성 II

* 직선, 기하곡선, 자유곡선의 축에 의한 면의 형태화 작업

〈주제〉

직사각형, 정사각형의 평면과 곡면으로 이루어진 면들의 그룹을 서로 결합하면서 수평, 수직, 사선의 축을 적용하여 공간에서의 움직임 있는 입체물을 제작한다.

〈목적〉

❶ 전체적인 공간 속의 면들의 연결 관계를 이해한다.

❷ 면들의 구성을 통하여 전체의 비례를 파악한다.

❸ 솔리드와 보이드 되는 부분의 면들의 결합을 구성하여 변화를 준다.

❹ 사선의 축을 적용하여 면들의 방향과 면적의 균형을 유지하도록 한다.

❺ 주체적인 면, 부수적인 면, 종속적인 면들의 관계는 형태의 크기와 부피에도 영향을 주기 때문에 조화롭고 통일감 있는 입체물로 제작할 수 있도록 한다.

〈전개방법〉

– 제작기간: 3주

❶ 완성될 전체적인 입체물을 스케치한다.

❷ 스케치된 가상의 작품을 미니어처로 제작하여 틀을 잡는다.

❸ 완성될 실제작품의 규모는 400(W)×400(D)×400(H) 내에서 작업한다.

❹ 완성된 작품이 가능한 모든 각도에서 보았을 때 어느 한쪽으로 치우치지 않도록 균형을 이루면서 배치한다.

〈준비물〉

❶ T3mm 우드락, 기타 보드류

② 접착제

학생작품 결과물 사례

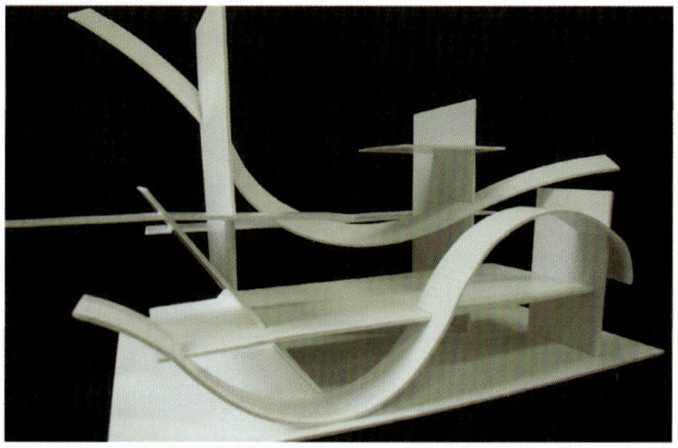

그림 3.4

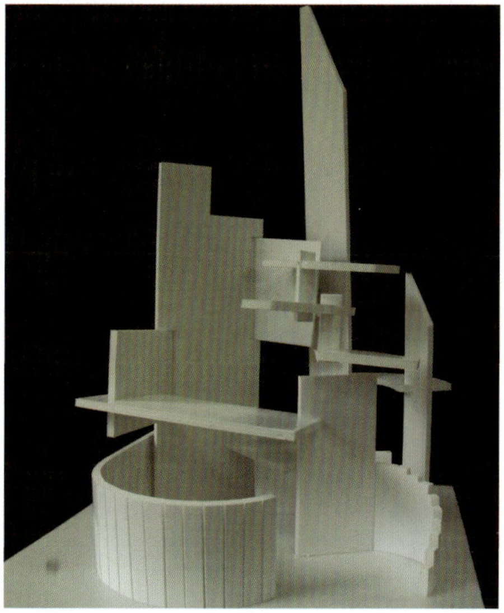

그림 3.5

4. 공간디자인

Project Ⅴ - 실내공간분석

* 3차원적 공간의 구성요소를 적용한 실내분석

〈주제〉

기둥, 벽, 바닥, 천장, 빔, 가구를 활용한 공간을 형태학적으로 접근한다.

〈목적〉

❶ 정확한 공간의 형태, 크기, 비례, 기능 등을 계획하여 영역을 구분한다.

❷ 제한을 두지 않고 자유롭게 구획하고 디자인한다.

〈전개방법〉

– 제작기간 : 3주

❶ 디자인 요소의 1장「공간」내용 중 공간의 분석을 참조한다.

❷ 공간의 형태는 실내디자인의 요소들에 의해 다양한 형태로 창조될 수 있으며, 다이내믹하게 연결되도록 한다.

❸ 기둥, 빔, 벽, 가구 등의 요소들을 활용하여 바닥의 크기와 형태, 천장의 높이를 결정한다.

결과물 사례 [1)]

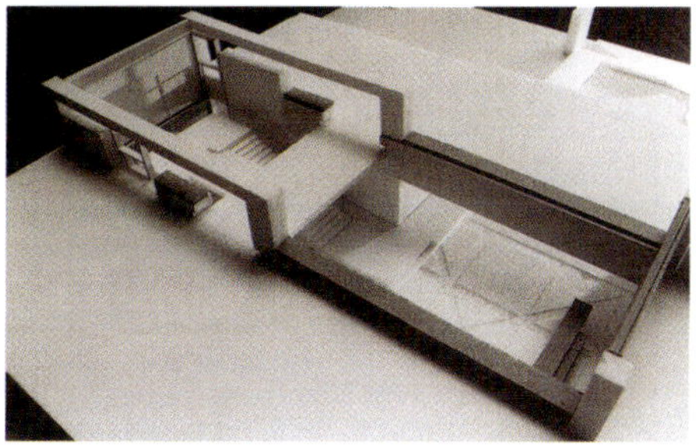

그림 4.1

그림 4.2

학생작품 결과물 사례

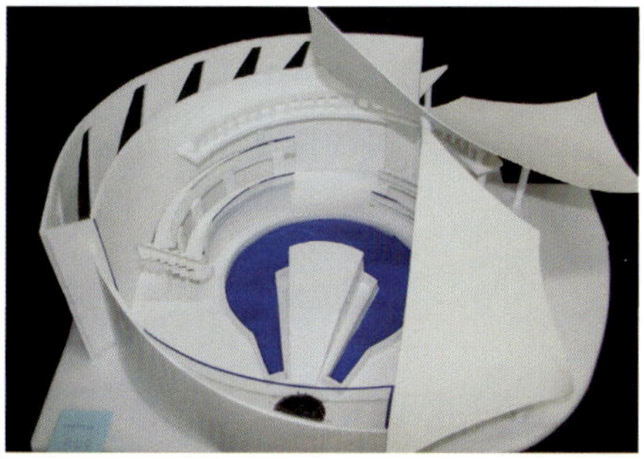

그림 4.3

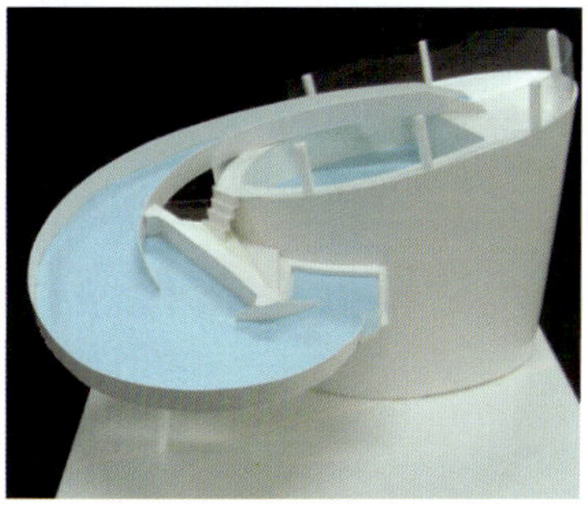

그림 4.4

그림 4.5

그림 4.6

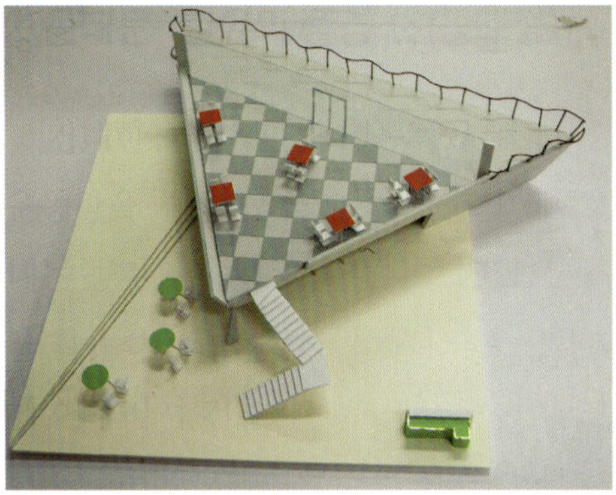
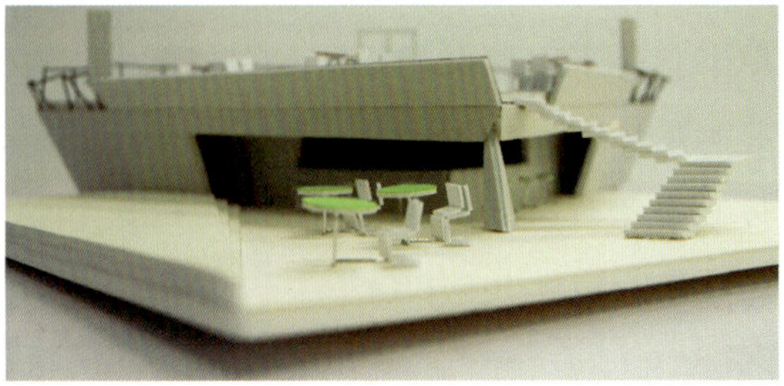

그림 4.7

그림 4.8

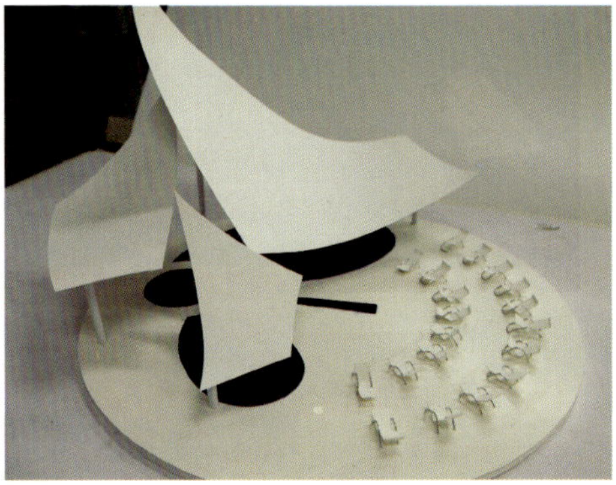

그림 4.9

Project Ⅵ - 실내디자인

* 공간을 영역별로 구분하고 구체화 시키는 작업

〈주제〉

기둥, 벽, 바닥, 천장, 빔, 계단, 가구 등을 활용하여 형성된 각 공간들을 다양한 축과 방향을 적용하여 공간을 계획하고 구체화 시키는 작업이다.

〈목적〉

실내를 직접 디자인해보는 단계로 여러 가지 실내디자인 요소들을 병행하여 계획함으로써 공간적 감각을 키운다.

〈전개방법〉

- 제작기간: 3주

❶ 모형의 실제규모는 Scale:1/50으로 작업할 시 600(W)×400(D)×120(H) 내에서 작업한다.

❷ 공간의 형태는 직사각형과 정사각형, 원형, 혼합형 등의 다양한 형태로 진행되어도 무방하다.

❸ 공간을 다양한 축과 방향을 이용하여 분할하는 것을 원칙으로 하며, 계단 등을 이용한 바닥의 단 차이에 의해서도 구분한다.

❹ 폐쇄적인 벽이 아니더라도 기둥을 일정한 간격으로 나열하거나 천장 또는 벽에 연결된 빔을 설치하여 구분한다.

❺ 실내 설치물에 의해 구분한다: 고정식 형태물들을 이용해 공간을 구분한다.(이동식 가구류는 제외)

❻ 빛 조절에 의한 구분: 자연조명을 통하여 빛이 실내로 투과될 수 있도록 디자인한다.(천창 및 개방된 벽면의 디자인)

⑦ 그 외에 고정 및 이동식 벽, 유리벽, 벽난로, 디스플레이 패널, 핸드레일에 의해 구분한다.

⑧ 공간 안의 형태물에 색상을 달리하여 강조해 본다.

결과물 사례 2)

그림 4.10

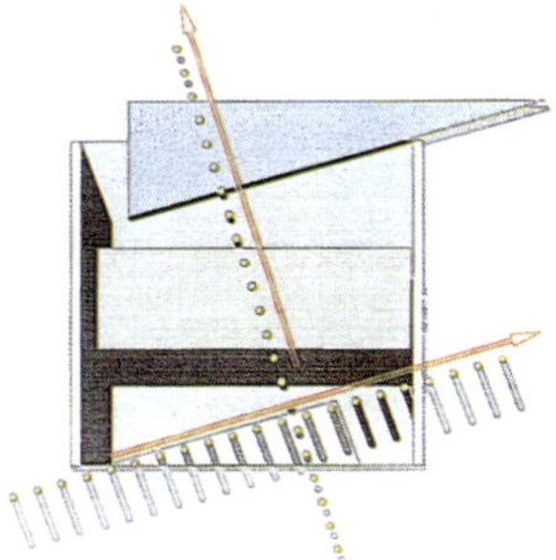

그림 4.11

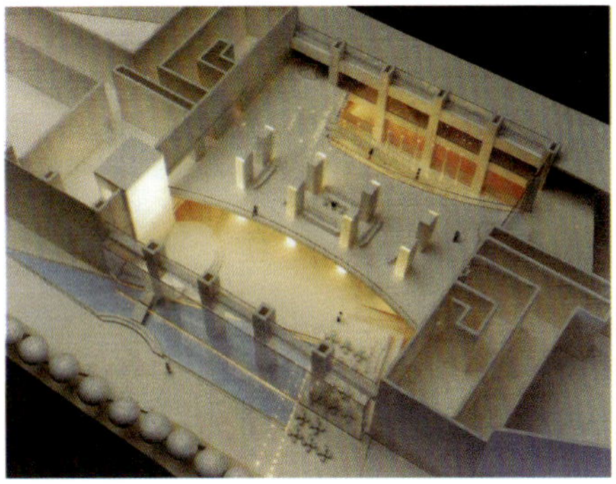

그림 4.12

그림 4.13

학생작품 결과물 사례

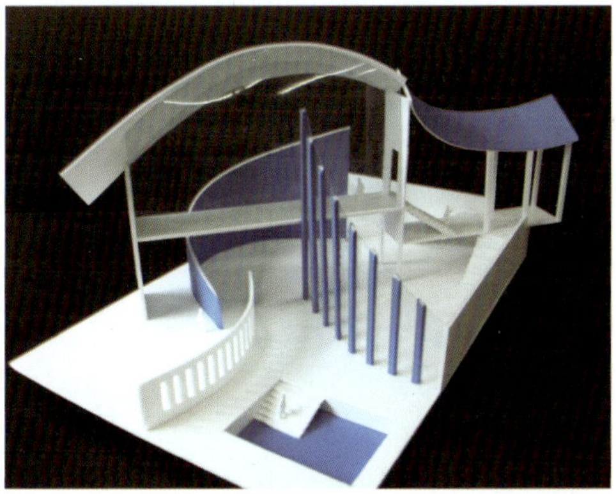

그림 4.14

그림 4.15

그림 4.16

그림 4.17

그림 4.18

[참고문헌]

1), 2) 이소테리아, Interior Planning Document, Prot Galaxy Inc., 1999

그 외 작품들: 2007 & 2008년도 상명대학교 실내디자인전공 1학년 학생작품

저자소개

한 영 호

홍익대학교 미술대학 공업디자인학과 졸업
홍익대학교 산업미술대학원 졸업
헬싱키 산업미술대학교(Univ.of Industrial Arts, Helsinki)
실내건축 및 가구디자인전공(핀란드 문교부 장학금)
대한무역투자진흥공사(KOTRA) 디자인실 근무
핀란드 아트잔(Artzan)가구회사 근무
「실내디자인 창립 기념전」외 48회 출품
「대한민국 산업디자인전」외 130회 심사위원 역임
「실내디자인의 창의적 공간구성 방법에 관한 연구」외 78편 논문 발표
「기초실내디자인」외 24권 저 · 역서 발간
(사)한국실내디자인학회 회장 역임
(사)한국공간디자인학회 회장 역임
現 상명대학교 디자인대학 실내디자인학과 교수
(사)한국실내디자인학회 명예회장
(사)한국공간디자인학회 명예회장

저자소개

하 숙 녕

상명여자대학교 디자인대학 실내디자인학과 졸업
미국 뉴욕 Pratt Institute 디자인대학원 실내디자인전공 졸업
미국 뉴욕 Myonggi Sul's design & DPM Consultants. Inc. 디자인실 근무
(주)Axis Design 설계실 근무
(주)지고ID 설계 및 코디네이션회사 근무
(사)한국실내디자인학회 색채분과위원회 부위원장 역임
우송공업대학, 동양공업대학 출강
「Asia Network Beyond Design 4개국 초청 작품 전시」외 9회 출품
「어린이집 유형별 실내디자인 개발사례」외 5편 논문발표
現 상명대학교 디자인대학 실내디자인전공 겸임교수
사계디자인장이 디자인 실장
(사)한국디자인학회 정회원
(사)한국실내디자인학회 정회원

기초실내디자인

2009년 2월 25일 1판 1쇄 발행
2013년 2월 28일 2판 1쇄 발행

저 자 한 영 호 하 숙 녕
발 행 인 강 해 작
발 행 처 도서출판 기 문 당
주 소 서울시 성동구 무학봉28길 4-1 (하왕십리동 966-22)
전 화 02) 2295-6171(代)~5
팩 스 02) 2296-8188
출판등록 1976. 10. 7(1-44)
홈페이지 http://기문당
www.kimoondang.com
I S B N 978-89-6225-483-9 93540

정 가 18,000원